SEBASTIANO MANCIAGLI

Fondamenti di Relatività
logica e contraddizioni
con considerazioni sullo spazio-tempo

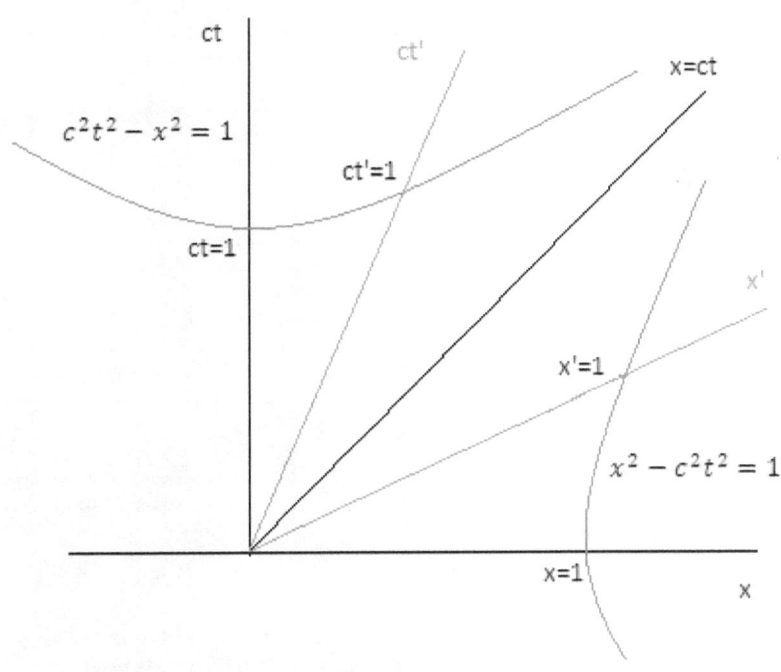

ACIREALE, 2023

© 2023 Sebastiano Manciagli. Tutti i diritti riservati.

ISBN 978-1-71692-570-2

manciagli@alice.it

Introduzione

La relatività con i suoi rivoluzionari risultati ha cambiato radicalmente i concetti fondamentali di spazio e di tempo.

Dalla interpretazione del significato fisico, insito nelle trasformate di Lorentz, nasce una nuova filosofia che rimette in discussione tanti risultati considerati ormai definitivamente compresi.

Eppure non sono poche le critiche, da parte di autorevolissimi uomini di scienza, che mettono in dubbio la correttezza della teoria confutandola con documentate argomentazioni. Anche le esperienze, ritenute cruciali a favore della nuova teoria, non sono esenti da autorevoli critiche formulate da specialisti del settore.

Comunque, è giusto ammettere che le critiche rappresentano l'anima del progresso scientifico e che non vi è, nella storia della scienza, teoria che non sia stata messa in discussione.

In una recente pubblicazione[1] l'analisi delle trasformate di Lorentz, unitamente ad un breve riesame del concetto di simultaneità, ha condotto alla conclusione che il principio di invarianza sia incompatibile con la realtà fisica. Questa deduzione è conseguenza del risultato, ottenuto applicando le trasformate di Lorentz, secondo il quale un raggio di luce occupi "simultaneamente" due posizioni distinte.

Nel presente lavoro viene ripresa e approfondita l'analisi delle trasformate di Lorentz proponendo per esse la loro naturale forma che conduce, contrastando con quelle ordinariamente ammesse, a nuove interpretazioni: le posizioni date dalle trasformate di Lorentz, nella loro forma attuale, non sono reciprocamente corrispondenti lungo l'asse comune del moto relativo, la posizione nella trasformata del tempo implica una seconda sincronizzazione degli orologi. Tutto ciò comporta, dopo una attenta analisi, evidenti contraddizioni che si scontrano con la logica e il buon senso. Ad esempio nell'urto completamente anelastico la simultaneità relativistica risulta in contrasto con il principio di conservazione dell'energia totale.

Anche il principio di equivalenza, nella relatività generale, non è esente da obiezioni. Einstein astrae il principio dopo aver constatato che un sistema accelerato simula un campo gravitazionale. Questo perché relativamente al sistema tutti i corpi possiedono la stessa accelerazione. Ma mentre i corpi man mano si depositano sul "pavimento" l'accelerazione varia e, ancor di più, se i corpi rimbalzassero questo campo gravitazionale sarebbe soggetto a variazioni strane e complesse.

Introduzione (2)

Il presente lavoro è il completamento del precedente[1*] al quale sono state aggiunte alcune riflessioni di approfondimento che conducono a conclusioni di carattere più generale nel rapporto fra osservazione e previsione teorica.

All'inizio del XX secolo il pensiero scientifico, ed in particolare quello riguardante la fisica, ha subito una notevole rivoluzione; i concetti, che fino ad allora avevano dominato, non erano più sufficienti a spiegare quanto nuove teorie e nuove esperienze proponevano. Gli "strumenti" matematici, collaborando con i concetti della fisica, davano un sostegno notevole alla interpretazione dei nuovi fatti, contribuendo così alla conoscenza. I settori più emblematici che ponevano nuove problematiche erano: la ricerca del mezzo etere e la comprensione dell'assorbimento e della emissione del corpo nero. La prima conduce alla nascita della teoria della relatività ristretta e successivamente alla relatività generale, la seconda conduce alla teoria quantistica. Queste nuove teorie sono state foriere di nuovi contesti fisici fertili di spunti speculativi.

Tuttavia l'esame dei cambiamenti concettuali di questo periodo mi ha indotto a pensare che, spesso, le espressioni e le argomentazioni matematiche, che supportano le teorie fisiche, sono suscettibili di libere interpretazioni che conducono a contesti fisici fantasiosi ma non realistici.

Le esperienze effettuate con l'obiettivo di individuare il mezzo etere esigevano nuove interpretazioni risultando, quelle già note, non più soddisfacenti. L'esperienza più significativa di questa ricerca può essere individuata in quella di Michelson e Morley che comunque diede risultati meno evidenti di quelli aspettati ma non nulli come contrariamente viene riportato.

Questa abbondante approssimazione, che faceva concludere con l'invarianza della velocità della luce, legittimò la ricerca di nuove trasformate che sostituissero quelle di Galilei mantenendo invariate le equazioni di Maxwell. Lorentz, imponendo condizioni matematiche di invarianza, trovò quelle che costituiscono le sue famose trasformate. In esse il risultato più rivoluzionario è quello di un tempo locale che lo stesso Lorentz interpretò come un utile ausilio matematico. Le stesse trasformate di Lorentz successivamente furono ritrovate da Einstein che, imponendo l'invarianza della velocità della luce, rielaborò i concetti assoluti di spazio e di tempo riuscendo, in particolare, a legittimare il tempo locale. Le conseguenze di questi nuovi concetti di spazio e di tempo sono notevoli. I risultati più appariscenti sono quelli della contrazione delle lunghezze e della dilatazione dei tempi. Questi effetti, divenuti spunti per speculazioni filosofiche, hanno condotto ad una presunta realtà dai contesti fantastici come il presupporre che la velocità possa essere l'elisir di lunga vita.

Da una approfondita analisi si è potuto constatare che nelle trasformate di Lorentz, relative al tempo, la presenza della posizione è dovuta ad una esigenza matematica scaturita dalla eccezionalità del principio di invarianza della velocità della luce. Quindi, si è indagato su quale fosse il fine di questa presenza e quale relazione implicasse fra le osservazioni rilevate da due riferimenti in moto relativo uniforme. Questa indagine ha condotto alla conclusione che la presenza della posizione nella trasformata del tempo simula una traslazione necessaria affinché si possa stabilire corrispondenza fra i tempi, di uno stesso evento, rilevati da due osservatori in moto relativo uniforme. Dunque la presenza della posizione, necessaria affinché la matematica dia una soluzione nel rispetto delle condizioni imposte, induce alla creazione di un contesto fisico ad hoc arbitrario ma compatibile con quanto suggerito dai termini della stessa espressione matematica. E' questa rilevante constatazione che genera in me il dubbio secondo il quale tante espressioni matematiche, non correttamente interpretate, possono condurre a fuorvianti intuizioni e quindi a falsi concetti, anche se floridi di spunti speculativi, inducenti a realtà fittizie.

Nell'ambito della relatività ristretta la fusione fra spazio e tempo, ossia la creazione dello spazio-tempo, è sicuramente uno fra gli aspetti più innovativi. La creazione di questa nuova entità, suggerita anch'essa dalla presenza della posizione nella trasformata del tempo, è stata sviluppata matematicamente da Minkowski. Le conseguenze di questa innovazione, essendo quest'ultima supportata da rigore matematico, sono diffuse nei vari settori della conoscenza. Cioè la fusione fra spazio e tempo, essendo suggerita da una "formula" matematica ottenuta con rigore logico, legittima i vari settori della conoscenza a sviluppare e condividere le conseguenze logiche degli spunti speculativi che tale nuova entità suggerisce. A rafforzare quest'idea c'erano gli studi pregressi, di Gauss, Riemann ed altri, che prospettavano, matematicamente, lo sviluppo di spazi ad n dimensioni. Dal punto di vista matematico lo sviluppo di spazi ad n dimensioni esige solo rigore logico, ma dal punto di vista fisico occorre valutare anche l'aspetto realistico per evitare, secondo quanto detto, la creazione di contesti chimerici.

Nel suo articolo del 1916[5] Einstein dopo aver esposto le problematiche della fisica classica passa all'esame concettuale di alcuni contesti ideali. Inizia col considerare una cassa chiusa in uno spazio in cui non è presente alcun campo gravitazionale; la cassa, sottoposta all'azione di una forza, viene accelerata e questa accelerazione, per le sue caratteristiche, viene percepita, da un osservatore interno alla cassa, come l'azione di un campo gravitazionale. Questo induce Einstein ad enunciare il principio di equivalenza fra massa gravitazionale e massa inerziale. Einstein continua nella sua esposizione coinvolgendo in uno spazio euclideo, in assenza di campo gravitazionale, due riferimenti: uno inerziale, ossia un sistema in cui, in assenza di gravitazione, è possibile verificare la legge di inerzia; un'altro non inerziale, ossia un riferimento in moto circolare uniforme relativamente a quello inerziale. Applicando i risultati della relatività ristretta, Einstein rileva che lo spazio relativo al sistema non inerziale non può essere euclideo per gli effetti di contrazione delle lunghezze e della dilatazione dei tempi. Questi effetti cinematici relativistici sono giustificati dalla presenza di un campo gravitazionale simulato dalla accelerazione centrifuga che l'osservatore non inerziale percepisce. Egli infatti, afferma Einstein[6], constata che i corpi, e lui stesso, sono soggetti ad una accelerazione radiale. A questo punto il contesto fisico è completo. Dunque lo spazio-tempo in presenza di un campo gravitazionale non è euclideo. C'è tutto il necessario affinché, grazie ai precedenti lavori di illustri matematici, lo spazio-tempo sia uno spazio curvo non euclideo che, sotto l'azione del campo gravitazionale, viene modellato come fosse un "mollusco".

    La metamorfosi è avvenuta: lo spazio fisico (reale) è stato tramutato in uno spazio geometrico (astratto) quadridimensionali. Questo, che dal punto di vista intellettuale esprime una potenza costruttiva non comune del pensiero, è solo un modello senza alcuna certezza che possa essere una realtà fisica. Vedremo nella parte di lavoro dedicato a questo contesto le argomentazioni che mettono in dubbio tali conclusioni.

    Dopo i risultati ottenuti da Kirchhoff, in tanti si cimentarono nello studio dello spettro del corpo nero. I primi lavori, ottenuti da Wien, Rayleigh, Jeans, sotto l'ipotesi di uno scambio continuo di energia, diedero risultati non soddisfacenti in quanto questi si discostavano in modo evidente dai dati sperimentali per valori crescenti dell'energia. Planck, comprese che, matematicamente, il problema si risolveva adottando una ipotesi ad hoc che considerasse discreta l'energia di oscillazione dei risonatori secondo un fattore costante h. Questa condizione matematica era ciò che serviva alla "formula" affinché le sue previsioni si accordassero con i dati sperimentali. Questa ipotesi è quella che dà origine alla meccanica quantistica. L'elaborazione di questa nuova teoria richiede nuovi principi e soprattutto un nuovo apparato matematico a suo sostegno. L'apparato matematico sviluppato per la nuova teoria si basa sul calcolo della probabilità che, in armonia con altri principi, individua la probabilità, per una particolare configurazione fisica, di occupare uno stato fra tutti quelli possibili. Questa nuova filosofia conduce al principio di sovrapposizione, ossia la coesistenza in più stati, di una stessa configurazione fisica, prima che essa sia definitivamente individuata nel suo stato finale. Anche qui la compresenza di multi-stati in rappresentanza di una unica configurazione fisica è poco realistica.

    In definitiva quello che si vuole trasmettere con questo lavoro è che molti contesti, utilizzati come modelli di realtà, spesso sono costruiti a partire da astrazioni, suggerite da condizionamenti matematici, nate a loro volta, da forzate esigenze, ritenute evidenti, che costituiscono le ipotesi che generano il modello.

L'ordine temporale degli eventi e le trasformate di Lorentz

In relatività è consuetudine riferire i fenomeni fisici a due sistemi di riferimento, O e O', in moto relativo uniforme: il sistema $O'(x'y'z')$ trasla rispetto ad $O(xyz)$, lungo l'asse comune $x \equiv x'$, con velocità costante v mantenendo gli assi z', y' paralleli rispettivamente a z, y.

I due sistemi O e O' siano dotati di orologi sincronizzati secondo il metodo della relatività ed il loro moto sia tale che al tempo $t = t' = 0$ l'origine di O' coincida con quella di O. Il sistema O' prosegue nel suo eterno moto e mai più le due origini si sovrapporranno.

Sappiamo che, in relatività, l'ordine temporale degli eventi è relativo, ossia se sul sistema di riferimento O, in due posizioni diverse, accadono due eventi, E1 ed E2, e se, sempre su O, rispetto all'ordine temporale, E1 accade prima di E2, allora, applicando le trasformate di Lorentz e sotto opportune condizioni, è possibile che, sul sistema O', l'evento E1 risulti accadere dopo l'evento E2; cioè, su O', l'ordine temporale degli eventi risulta invertito rispetto a quello di O.

A tal proposito risolviamo e commentiamo il seguente problema[2]:

"Si supponga che un evento (E) accada in O in x=100 km, y=10 km, z=1,0 km al tempo t=5,0 x 10^{-6} sec. O' si muova relativamente ad O a 0,92c (c velocità della luce nel vuoto) lungo l'asse comune $x \equiv x'$, e le origini coincidano a $t = t' = 0$.

Quali sono le coordinate x', y', z' e t' di questo evento in O'?"

Applicando le trasformate di Lorentz abbiamo i seguenti risultati:

$$y' = y = 10 km \quad z' = z = 1,0 km$$

$$x' = \frac{x - vt}{\sqrt{1 - \frac{v^2}{c^2}}} = \frac{10^5 - 0,92 \cdot 3 \cdot 10^8 \cdot 5 \cdot 10^{-6}}{\sqrt{1 - (0,92)^2}} = \frac{98620}{0,392} \cong 251581 m$$

$$t' = \frac{t - \frac{v}{c^2} x}{\sqrt{1 - \frac{v^2}{c^2}}} = \frac{5 \cdot 10^{-6} - \frac{0,92}{3 \cdot 10^8} 10^5}{0,392} \cong -7,7 \cdot 10^{-4} \text{ sec}$$

L'applicazione delle trasformate di Lorentz ci fa concludere che l'evento E sul sistema O' accade al tempo $t' = -7,7 \cdot 10^{-4}$.

La sorpresa sta nel segno negativo del tempo. Questo risultato è relativisticamente corretto, ma cerchiamo di comprendere le conseguenze fisiche.

In dettaglio i risultati ottenuti dalla applicazione delle trasformate di Lorentz ci suggeriscono quanto segue: al tempo $t' = -7,7 \cdot 10^{-4}$, l'osservatore O', rileva l'accadimento dell'evento E; in questo stesso istante, per O', l'evento "le origini si sovrappongono" non è ancora accaduto.

Al tempo $t = t' = 0$ i due osservatori concordano nel rilevare che le origini si sovrappongono.

Al tempo $t = 5,0 \cdot 10^{-4}$ sec, l'osservatore O, rileva l'accadimento dell'evento E; in questo stesso istante, per O, l'evento "le origini si sovrappongono" è già accaduto.

Che l'evento E accada, per i due osservatori, in tempi, o meglio in misure di tempi, diversi può essere accettato, data la relatività del tempo, ma ciò che non può essere accettato, perché si scontra con la logica, è l'opposta sequenza temporale, per i due osservatori, dell'evento "sovrapposizione delle origini" e dell'evento E.

Uno stesso evento può essere rilevato in tempi diversi dai due osservatori, ma l'avvenimento dell'evento stesso deve essere reale per entrambi gli osservatori. Lo stesso evento non può avvenire una volta per O e un'altra volta per O'. Quando l'evento accade, essendo esso unico, accade per entrambi gli osservatori.

Dai risultati del problema emerge che O' osserva l'evento E prima che le due origini si sovrappongono; O osserva lo stesso evento dopo che le origini si sovrappongono.

Al tempo $t=t'=0$ entrambi gli osservatori rilevano la coincidenza delle origini; nell'istante comune $t=t'=0$ per O' l'evento E è già accaduto, per O lo stesso evento E deve ancora accadere.

Il nostro evento E sia: un corpo cadendo "raggiunge il suolo". Allora, per quanto discusso, nell'istante in cui le origini si sovrappongono per l'osservatore O' il corpo è già al suolo, per l'osservatore O lo stesso corpo è ancora in caduta.

Le coordinate delle posizioni e la contrazione delle lunghezze

Sia x', su O', una posizione generica e all'istante generico t' sia $-vt'$ la posizione dell'origine di O relativamente ad O'.

Il "regolo" di estremi $-vt'$ e x', per l'osservatore O', ha misura $m' = x'-(-vt') = x'+vt'$.

Per l'osservatore O, secondo l'interpretazione ufficiale, lo stesso regolo appare in moto ed avrà misura

$$m = m'\sqrt{1-\frac{v^2}{c^2}} = (x'+vt')\sqrt{1-\frac{v^2}{c^2}}.$$

Ma, per l'osservatore O, questa misura non è l'ascissa x della posizione corrispondente all'ascissa x' di O', come sarebbe classicamente. Infatti, su O, l'ascissa x, corrispondente di x', secondo le trasformate di Lorentz ufficiali, è:

$$x = \frac{x'+vt'}{\sqrt{1-\frac{v^2}{c^2}}}.$$

La posizione $x = \dfrac{x'+vt'}{\sqrt{1-\frac{v^2}{c^2}}}$, su O, è la posizione corrispondente alla posizione x' individuata, su O', all'istante t', essa rappresenta la misura della distanza dall'origine alla posizione x effettuata da O sul proprio riferimento ma non rappresenta la misura del regolo i cui estremi corrispondenti sono in quiete su O'.

La relatività richiede che, per effettuare la misura del regolo in moto, O rilevi la posizione degli estremi simultaneamente, così se, su O', gli estremi del regolo sono $-vt'$

e x' la misura, su O', è: $m' = x'-(-vt') = x'+vt'$, mentre la misura dello stesso regolo, effettuata (calcolata) da O, risulta:

$$m = (x'+vt')\sqrt{1-\frac{v^2}{c^2}}$$

Effettuiamo alcuni calcoli.

Applicando le trasformate di Lorentz, su O, gli estremi del regolo sono:

$$x_0 = \frac{-vt'+vt'}{\sqrt{1-\frac{v^2}{c^2}}} = 0 \qquad x_1 = \frac{x'+vt'}{\sqrt{1-\frac{v^2}{c^2}}}$$

Così, gli estremi del regolo sono stati rilevati simultaneamente su O' e quindi non simultaneamente su O. Infatti, su O, i rispettivi tempi di rilevazione degli estremi del regolo risultano:

$$t_0 = \frac{t'+\frac{v}{c^2}(-vt')}{\sqrt{1-\frac{v^2}{c^2}}} = t'\sqrt{1-\frac{v^2}{c^2}} \qquad t_1 = \frac{t'+\frac{v}{c^2}x'}{\sqrt{1-\frac{v^2}{c^2}}}$$

Gli estremi del regolo, in quiete su O', vengono rilevati, su O, in tempi diversi: l'estremo $(-vt')$ nell'origine x_0 viene rilevato al tempo t_0 cioè prima che, al tempo t_1, venga rilevato l'altro estremo x_1 corrispondente di x'. La misura della distanza fra l'origine x_0 e la posizione x_1 è, per O, la misura dell'ascissa x_1. La conclusione può essere generalizzata. Su O, l'ascissa $x = \dfrac{x'+vt'}{\sqrt{1-\dfrac{v^2}{c^2}}}$, relativa alla generica ascissa x' di O', è la misura, effettuata da O, della lunghezza del regolo i cui estremi, rilevati simultaneamente su O', sono: $-vt'$ e x'.

Quindi, su O', l'ascissa $x' = \dfrac{x-vt}{\sqrt{1-\dfrac{v^2}{c^2}}}$, relativa alla generica ascissa x di O, è la misura, effettuata da O', della lunghezza del regolo i cui estremi, rilevati simultaneamente su O, sono: vt e x.

La apparente contrazione, differenza fra il valore dell'ascissa x e la misura del regolo in moto, di estremi $(-vt')$ e x', calcolata da O, è un effetto cinematico dovuto al metodo di misura e non ha alcun effetto fisico reale ne tantomeno alcun effetto biologico. Scopriamolo.

Gli estremi del regolo che, su O', all'istante t', sono le posizioni $(-vt')$ e x', vengono rilevati, su O, nelle rispettive posizioni x_0 e x_1, rispettivamente, agli istanti t_0 e t_1. L'osservatore O rileva l'estremo x_0 al tempo $t_0 = t'\sqrt{1-\dfrac{v^2}{c^2}}$, mentre, l'estremo x_1 lo rileva al tempo $t_1 = \dfrac{t'+\dfrac{v}{c^2}x'}{\sqrt{1-\dfrac{v^2}{c^2}}}$.

La relatività richiede che l'osservatore O rilevi gli estremi del regolo simultaneamente. Ricordiamoci che in questo contesto l'osservatore O non esegue una misura diretta del regolo, piuttosto egli calcola la misura del regolo utilizzando le misure di O'. Se, l'osservatore O, rileva entrambi gli estremi al tempo t_1 ne segue che l'estremo $(-vt')$, su O, viene rilevato al tempo $t_1 = t_0 + \Delta t = t_0 + t_1 - t_0$. Il tempo t_1 farà corrispondere, su O', un tempo $t_1' > t'$, ossia l'estremo $(-vt')$, su O', sarà rilevato non simultaneamente all'estremo x'; in particolare, su O', l'estremo $(-vt')$ sarà rilevato dopo essere stato rilevato l'estremo x'. Tutto questo comporta che l'osservatore O preleverà, simultaneamente, due misure rilevate ad istanti diversi su O' con la conseguenza che l'estremo $(-vt')$ sarà rilevato su O in una opportuna posizione traslata più vicina all'ascissa x_1 che corrisponde all'estremo x' su O'(*).

Durante l'intervallo di tempo $\Delta t = t_1 - t_0$ l'osservatore O vede traslare l'origine di O', questo comporta un "movimento" del regolo e quindi una traslazione dei suoi estremi che produrrà una contrazione nella misura. Proviamo che questa contrazione è esattamente lo spostamento dell'origine di O' rilevata da O.

Infatti, essendo $\Delta t = t_1 - t_0 = \dfrac{\dfrac{v}{c^2}(x'+vt')}{\sqrt{1-\dfrac{v^2}{c^2}}}$, lo spostamento Δs dell'origine di O', misurato da O, durante l'intervallo di tempo Δt è:

$$\Delta s = v\Delta t = v \dfrac{\dfrac{v}{c^2}(x'+vt')}{\sqrt{1-\dfrac{v^2}{c^2}}}$$

Quest'ultimo, sommato alla misura del regolo rilevata da O, dà il seguente risultato:

$$m = m'\sqrt{1-\frac{v^2}{c^2}} + v\Delta t = (x'+vt')\sqrt{1-\frac{v^2}{c^2}} + v\left(\frac{\frac{v}{c^2}(x'+vt')}{\sqrt{1-\frac{v^2}{c^2}}}\right) = \frac{x'+vt'}{\sqrt{1-\frac{v^2}{c^2}}} = x_1$$

Dalla quale possiamo ottenere:

$$(x'+vt')\sqrt{1-\frac{v^2}{c^2}} = x_1 - v\left(\frac{\frac{v}{c^2}(x'+vt')}{\sqrt{1-\frac{v^2}{c^2}}}\right)$$

Il calcolo ci dice che O rileva, nella misura del regolo in moto, una contrazione pari alla traslazione che l'origine di O', relativamente ad O, realizza nell'intervallo di tempo Δt.

Questo risultato conferma che la contrazione rilevata da O nella misura di un regolo in moto è la traslazione a cui lo stesso regolo è sottoposto nell'intervallo di tempo che su O' separa la rilevazione delle ascisse dei due estremi.

Risulta chiaro che la contrazione è pura apparenza, essa nasce da un effetto cinematico imposto dalle condizioni relativistiche.

Perché l'applicazione delle trasformate di Lorentz dà risultati che si scontrano con la logica?

Accettati i postulati della teoria la risposta può essere una delle seguenti:
- a) i procedimenti matematici che conducono alle trasformate di Lorentz sono errati;
- b) i procedimenti matematici sono corretti ma le trasformate di Lorentz sono state interpretate in modo non corretto.

L'ipotesi che, dal punto di vista matematico, le trasformate di Lorentz non siano corrette non è nemmeno da prendere in considerazione in quanto è impensabile che ci possano essere errori di calcolo nella deduzione delle trasformate dopo essere state sottoposte al vaglio delle più eccelse menti.

Anche la seconda ipotesi "errate interpretazioni" sembra inverosimile, ma quanto riportato nel lavoro che segue sembra dimostrare la veridicità di essa.

(*) Dalle trasformate di Lorentz otteniamo:

$$-vt' = \frac{x_0 - vt_0}{\sqrt{1 - \frac{v^2}{c^2}}}$$

Se mettiamo in relazione l'ascissa $(-vt')$, su O', con l'istante t_1 di O, dalle trasformate di Lorentz abbiamo:

$$-vt' = \frac{x^* - vt_1}{\sqrt{1 - \frac{v^2}{c^2}}}$$

Con x^* opportuna posizione, su O, corrispondente all'ascissa $(-vt')$ di O', all'istante t_1 di O.

$$x^* = -vt'\sqrt{1 - \frac{v^2}{c^2}} + vt_1 = vt_1 - vt_0 = v(t_1 - t_0) \Rightarrow x_0 \leq x^* \leq x_1$$

Sulla conservazione della quantità di moto e della energia totale in relatività

Sul sistema O' consideriamo un corpo di massa M_0 in quiete e siano due corpi A e B di uguali masse a riposo $m_{0A} = m_{0B} = m_0$ che si muovono in versi opposti nella direzione dell'asse x mantenendo le velocità costanti e uguali in modulo $v_A' = v_B' = v$.

I due corpi A e B, muovendosi rispettivamente nel verso positivo e nel verso negativo delle x, colpiscono simultaneamente il corpo M_0 che, dopo l'urto, essendo il sistema isolato, rimane in quiete nel rispetto della conservazione della quantità di moto. Dunque, indicando con M_0' la massa a riposo dopo l'urto:

$$0 = \frac{m_0}{\sqrt{1 - \frac{(v_A')^2}{c^2}}} v_A' - \frac{m_0}{\sqrt{1 - \frac{(v_B')^2}{c^2}}} v_B' + M_0 \cdot 0 = M_0' \cdot 0 = 0$$

ossia:

quantità di moto prima dell'urto = quantità di moto dopo l'urto

La quantità di moto risulta conservata.

I corpi A e B hanno stessa massa a riposo m_0 e stesso modulo di velocità v e, dunque, stessa energia cinetica $k_A = k_B = k$. Il sistema è isolato quindi l'energia totale si conserva:

prima dell'urto $\quad 2(m_0 c^2 + k) + M_0 c^2 = M_0' c^2 \quad$ dopo l'urto cioè:

$$2m_0c^2 + \frac{2m_0c^2}{\sqrt{1-\frac{v^2}{c^2}}} - 2m_0c^2 + M_0c^2 = M_0'c^2$$

Dal confronto dei due membri:

$$\left(\frac{2m_0}{\sqrt{1-\frac{v^2}{c^2}}} + M_0\right) = M_0'$$

La massa a riposo M_0', dopo l'urto, è maggiore della somma delle masse a riposo prima dell'urto. Il risultato non fa impressione. L'energia totale è la somma dell'energia a riposo e della energia cinetica: se l'energia cinetica "scompare", dovendo l'energia totale conservarsi, la massa a riposo deve necessariamente aumentare, cioè i due corpi di massa a riposo m_0, prima dell'urto, erano in moto con velocità v e ciascuno di essi possedeva l'energia totale $\frac{m_0}{\sqrt{1-\frac{v^2}{c^2}}}c^2$; adesso, dopo l'urto, la relatività impone che l'energia totale sia soltanto energia a riposo che in quantità deve uguagliare l'energia totale di prima. Questo è accettabile solo quantitativamente in quanto dal punto di vista concettuale l'espressione $\left(\frac{2m_0}{\sqrt{1-\frac{v^2}{c^2}}}\right)c^2$ rappresenta l'energia relativistica di un corpo di massa a riposo $2m_0$ che si muove con velocità v. Ma il corpo dopo l'urto è in quiete.

Equivalentemente possiamo provare che, nell'urto, la massa relativistica si conserva, infatti, prima dell'urto, la massa relativistica è:

$$\frac{m_0}{\sqrt{1-\frac{(v)^2}{c^2}}} + \frac{m_0}{\sqrt{1-\frac{(v)^2}{c^2}}} + \frac{M_0}{\sqrt{1-\frac{0}{c^2}}} = \frac{2m_0}{\sqrt{1-\frac{v^2}{c^2}}} + M_0$$

che coincide con la massa relativistica $\dfrac{M_0'}{\sqrt{1-\frac{0}{c^2}}} = M_0'$, dopo l'urto, ottenuta sopra.

L'urto sia osservato anche da O che vede muovere O' nel verso positivo dell'asse x con velocità costante v. Relativamente ad O, applicando le trasformate relativistiche della velocità, il corpo B è fermo, mentre i corpi A ed M_0 si muovono rispettivamente con velocità v_A e v, essendo v_A data da:

$$v_A = \frac{v_A'+v}{1+\frac{v_A'v}{c^2}} = \frac{2v}{1+\frac{v^2}{c^2}}$$

Per l'osservatore O, prima dell'urto, la quantità di moto è data dalla somma delle quantità di moto del corpo A e del corpo M_0 essendo la quantità di moto di B nulla, dunque, prima dell'urto:

$$\frac{m_{0A}}{\sqrt{1-\frac{v_A^2}{c^2}}}v_A + \frac{M_0 v}{\sqrt{1-\frac{v^2}{c^2}}} + m_{0B} \cdot 0$$

La forma di questa espressione può essere cambiata sostituendo l'espressione di v_A, riportata sopra e constatando che, con tale sostituzione, la $\dfrac{1}{\sqrt{1-\dfrac{v_A^2}{c^2}}}$, diventa:

$$\frac{1}{\sqrt{1-\dfrac{v_A^2}{c^2}}} = \frac{1+\dfrac{v^2}{c^2}}{1-\dfrac{v^2}{c^2}}$$

Utilizzando questi risultati la quantità di moto prima dell'urto assume la forma:

$$\frac{2m_0 v}{1-\dfrac{v^2}{c^2}} + \frac{M_0 v}{\sqrt{1-\dfrac{v^2}{c^2}}} = \frac{v}{\sqrt{1-\dfrac{v^2}{c^2}}}\left(\frac{2m_0}{\sqrt{1-\dfrac{v^2}{c^2}}} + M_0\right)$$

Dopo l'urto avremo una quantità di moto data da $\dfrac{M_0' v}{\sqrt{1-\dfrac{v^2}{c^2}}}$, con M_0' massa a riposo dopo l'urto.

Essendo il sistema isolato, imponendo la conservazione della quantità di moto, otteniamo:

$$\frac{v}{\sqrt{1-\dfrac{v^2}{c^2}}}\left(\frac{2m_0}{\sqrt{1-\dfrac{v^2}{c^2}}} + M_0\right) = \frac{M_0' v}{\sqrt{1-\dfrac{v^2}{c^2}}}$$

Per confronto, la massa a riposo dopo l'urto sarà:

$$\frac{2m_0}{\sqrt{1-\frac{v^2}{c^2}}} + M_0 = M_0'$$

Dopo l'urto la massa a riposo risulta maggiore della somma delle singole masse a riposo in accordo con i risultati ottenuti dall'osservatore O'.
Abbiamo eseguito un gioco di prestigio.
Infatti, prima dell'urto la quantità di moto si è potuta scrivere:

$$\frac{2m_0 v}{1-\frac{v^2}{c^2}} + \frac{M_0 v}{\sqrt{1-\frac{v^2}{c^2}}} \Rightarrow \frac{v}{\sqrt{1-\frac{v^2}{c^2}}}\left(\frac{2m_0}{\sqrt{1-\frac{v^2}{c^2}}}\right) + \frac{M_0 v}{\sqrt{1-\frac{v^2}{c^2}}}$$

Dunque la massa a riposo dopo l'urto è semplicemente data dalla somma delle masse a riposo prima dell'urto. Questo sempre con la concessione di considerare $\left(\frac{2m_0}{\sqrt{1-\frac{v^2}{c^2}}}\right)$ massa a riposo e non massa relativistica del corpo di massa a riposo $2m_0$ che si muove con velocità v. Comunque il risultato, nel contesto relativistico, non ha nulla di misterioso. Prima dell'urto abbiamo il corpo m_{0A} che si muove con velocità v_A e il corpo m_{0B} in quiete. Dopo l'urto il corpo m_{0A} riduce la sua velocità al valore v mentre il corpo m_{0B}, che prima era in quiete, acquista la stessa velocità v. Tutto questo comporta che i due corpi A e B dopo l'urto possiedano uguali masse relativistiche che sommate danno il risultato ottenuto.

Verifichiamo la conservazione dell'energia totale relativistica su O: energia prima dell'urto = energia dopo l'urto.

Indicate con k_0 e k_0', rispettivamente, l'energia cinetica di M_0 e di M_0' si ottiene:

$$\left(m_{0A}c^2 + k_A\right) + \left(M_0c^2 + k_0\right) + m_{0B}c^2 = M_0'c^2 + k_0'$$

e, sostituendo i risultati ottenuti prima:

$$\frac{m_{0A}c^2\left(1 + \frac{v^2}{c^2}\right)}{1 - \frac{v^2}{c^2}} + \frac{M_0c^2}{\sqrt{1 - \frac{v^2}{c^2}}} + m_{0B}c^2 = \frac{M_0'c^2}{\sqrt{1 - \frac{v^2}{c^2}}}$$

quindi:

$$\frac{m_{0A}c^2\left(1 + \frac{v^2}{c^2}\right) + m_{0B}c^2\left(1 - \frac{v^2}{c^2}\right)}{1 - \frac{v^2}{c^2}} + \frac{M_0c^2}{\sqrt{1 - \frac{v^2}{c^2}}} = \frac{M_0'c^2}{\sqrt{1 - \frac{v^2}{c^2}}}$$

la quale, ricordando che $m_{0A} = m_{0B} = m_0$, diventa:

$$\frac{c^2}{\sqrt{1 - \frac{v^2}{c^2}}}\left(\frac{2m_0}{\sqrt{1 - \frac{v^2}{c^2}}}\right) + \frac{M_0c^2}{\sqrt{1 - \frac{v^2}{c^2}}} = \frac{M_0'}{\sqrt{1 - \frac{v^2}{c^2}}}$$

ossia:

$$\left(\frac{2m_0}{\sqrt{1-\frac{v^2}{c^2}}}+M_0\right)\frac{c^2}{\sqrt{1-\frac{v^2}{c^2}}}=\frac{M_0'c^2}{\sqrt{1-\frac{v^2}{c^2}}}$$

Quindi: $\left(\dfrac{2m_0}{\sqrt{1-\frac{v^2}{c^2}}}+M_0\right)=M_0'$

Risultato concorde a quello ottenuto da O'.

I due osservatori O e O' applicando entrambi i principi di conservazione rilevano gli stessi valori per le masse a riposo prima e dopo l'urto confermando così, anche, il carattere invariantivo della massa a riposo.

La simultaneità applicata ai principi di conservazione

Rileviamo un'altra conseguenza derivante dalla applicazione della simultaneità relativistica.

Abbiamo supposto, tacitamente, come si fa in genere, che gli urti dei due corpi A e B con il corpo M_0 siano simultanei, ma se il corpo M_0 ha una sua estensione, come risulta per un corpo reale, i due corpi A e B urteranno il corpo M_0 alle due estremità opposte e quindi in posizioni diverse; allora se i due urti su O' sono simultanei essi non saranno simultanei su O. Questo comporta che O osserverà gli urti dei due corpi A e B con M_0 in istanti diversi.

Il calcolo del tempo ci dice che l'osservatore O rileverà l'urto di A con M_0 prima dell'urto di B con M_0.

L'urto fra A e M_0, relativamente alla conservazione della quantità di moto, viene così descritto:

$$\text{prima dell'urto} \quad \frac{m_{0A}}{\sqrt{1-\frac{v_A^2}{c^2}}} v_A + \frac{M_0 v}{\sqrt{1-\frac{v^2}{c^2}}} \ ;$$

$$\text{dopo l'urto} \quad \frac{M_0' v}{\sqrt{1-\frac{v^2}{c^2}}}$$

con M_0' massa a riposo dopo l'urto.

La conservazione della quantità di moto, considerando il sistema isolato, richiede che:

$$\frac{m_{0A}}{\sqrt{1-\frac{v_A^2}{c^2}}}v_A + \frac{M_0 v}{\sqrt{1-\frac{v^2}{c^2}}} = \frac{M_0' v}{\sqrt{1-\frac{v^2}{c^2}}}$$

Ricordando e sostituendo la espressione di v_A:

$$\frac{2m_0 v}{1-\frac{v^2}{c^2}} + \frac{M_0 v}{\sqrt{1-\frac{v^2}{c^2}}} = \frac{M_0' v}{\sqrt{1-\frac{v^2}{c^2}}}$$

Per confronto si ha: $\left(\dfrac{2m_0}{\sqrt{1-\frac{v^2}{c^2}}} + M_0\right) = M_0'$

E' doverosa una considerazione. Quest'ultimo risultato è identico a quello ottenuto per l'urto in cui erano coinvolte tutte e tre le masse, in questa prima fase, invece, le masse coinvolte sono due. Questo risultato è conseguenza della simultaneità relativistica unitamente alla esigenza che la velocità di M_0 deve restare invariata perché così è rilevato da O'.

A questo punto O osserverà il secondo urto fra la massa M_0', formatasi dopo il primo urto, e la massa m_{0B}. Prima del secondo urto la configurazione relativa alla quantità di moto è:

$$\frac{M_0' v}{\sqrt{1-\frac{v^2}{c^2}}} + m_{0B} \cdot 0$$

L'urto, nel rispetto della conservazione della quantità di moto, darà origine alla massa composta $M_0^{''}$ che continuerà a traslare con velocità v, dunque:

$$\frac{M_0^{'} v}{\sqrt{1-\frac{v^2}{c^2}}} + m_{0B} \cdot 0 = \frac{M_0^{''}}{\sqrt{1-\frac{v^2}{c^2}}} v \quad \Rightarrow \quad M_0^{'} = M_0^{''}$$

Nell'urto la massa a riposo m_{0B} non dà alcun contributo: massa a riposo $M_0^{'}$ e velocità restano invariate.

Questo risulta appagante dal punto di vista formale ma non dal punto di vista quantitativo in quanto dal risultato emerge che l'urto con la massa m_{0B} non produce alcun effetto, infatti nessuna grandezza si modifica a causa dell'urto. In particolare "aggiungendo" la massa a riposo m_{0B} alla massa composta $M_0^{'}$ quest'ultima resta invariata. Risultato classicamente e razionalmente assurdo. Tale risultato è ancora conseguenza della simultaneità relativistica e della costanza della velocità v.

Vediamo la situazione dal punto di vista energetico.

Per l'osservatore O, prima dell'urto fra le masse m_{0A} e M_0, l'energia totale è:

$$m_{0A} c^2 + k_A + M_0 c^2 + k_0$$

che utilizzando risultati già ottenuti diventa:

$$\frac{m_{0A} c^2 \left(1 + \frac{v^2}{c^2}\right)}{1 - \frac{v^2}{c^2}} + \frac{M_0 c^2}{\sqrt{1 - \frac{v^2}{c^2}}} = \frac{m_0 \left(1 + \frac{v^2}{c^2}\right) c^2}{1 - \frac{v^2}{c^2}} + \frac{M_0 c^2}{\sqrt{1 - \frac{v^2}{c^2}}}$$

L'energia totale dopo l'urto fra m_{0A} e M_0 ossia l'energia totale del corpo $M_0^{'}$ è data da:

$$M_0^{'}c^2 + k_0^{'} = \frac{M_0^{'}c^2}{\sqrt{1-\frac{v^2}{c^2}}}$$

Imponendo il principio di conservazione dell'energia totale:

$$\frac{m_0\left(1+\frac{v^2}{c^2}\right)c^2}{1-\frac{v^2}{c^2}} + \frac{M_0 c^2}{\sqrt{1-\frac{v^2}{c^2}}} = \frac{M_0^{'}c^2}{\sqrt{1-\frac{v^2}{c^2}}}$$

Cioè:

$$\frac{m_0\left(1+\frac{v^2}{c^2}\right)}{\sqrt{1-\frac{v^2}{c^2}}} + M_0 = M_0^{'}$$

Otteniamo un risultato che conduce a contraddizioni ossia, nello stesso urto, la massa a riposo prevista dalla conservazione dalla quantità di moto è diversa da quella prevista dalla conservazione della energia totale.

Infatti, in questo primo urto, la massa a riposo ottenuta imponendo la conservazione della quantità di moto è $\left(\frac{2m_0}{\sqrt{1-\frac{v^2}{c^2}}} + M_0\right) = M_0^{'}$ che risulta identica a quella ottenuta sul sistema O'; mentre applicando la conservazione dell'energia totale la massa a riposo è $\dfrac{m_0\left(1+\dfrac{v^2}{c^2}\right)}{\sqrt{1-\dfrac{v^2}{c^2}}} + M_0 = M_0'$. Se, in questo primo urto, utilizzassimo la massa a riposo $\left(\dfrac{2m_0}{\sqrt{1-\dfrac{v^2}{c^2}}} + M_0\right) = M_0'$, ottenuta dalla conservazione della quantità di moto, nell'applicazione del principio di conservazione dell'energia totale, su O, potremmo constatare una violazione di tale principio.

La simultaneità relativistica risulta incompatibile con i principi di conservazione.

Prima del secondo urto fra i corpi M_0', formatosi con il primo urto, ed il corpo m_{0B} l'energia totale è $M_0'c^2 + k_0' + m_{0B}c^2$, cioè:

$$M_0'c^2 + k_0' + m_{0B}c^2 = \left(\dfrac{m_0\left(1+\dfrac{v^2}{c^2}\right)}{\sqrt{1-\dfrac{v^2}{c^2}}} + M_0 + m_0\sqrt{1-\dfrac{v^2}{c^2}}\right)\dfrac{c^2}{\sqrt{1-\dfrac{v^2}{c^2}}}$$

L'energia totale del corpo di massa a riposo M_0'' formatosi dopo il secondo urto è:

$$M_0''c^2 + k_0'' = \dfrac{M_0''c^2}{\sqrt{1-\dfrac{v^2}{c^2}}}$$

Applicando il principio di conservazione dell'energia totale:

$$\left(\frac{m_0\left(1+\frac{v^2}{c^2}\right)}{\sqrt{1-\frac{v^2}{c^2}}} + M_0 + m_0\sqrt{1-\frac{v^2}{c^2}} \right) \frac{c^2}{\sqrt{1-\frac{v^2}{c^2}}} = \frac{M_0''c^2}{\sqrt{1-\frac{v^2}{c^2}}}$$

Cioè:

$$\left(\frac{2m_0}{\sqrt{1-\frac{v^2}{c^2}}} + M_0 \right) = M_0''$$

In questo secondo urto la massa a riposo determinata applicando la conservazione della quantità di moto risulta essere la stessa di quella calcolata applicando la conservazione dell'energia totale.

Il principio di invarianza e la misura del tempo

Nella deduzione delle trasformazioni di Lorentz sono coinvolte alcune evoluzioni di semplici configurazioni fisiche, relative alle reciproche posizioni dei due riferimenti, che adesso andiamo ad analizzare.

A tal fine consideriamo i due soliti osservatori che indicheremo con O e O'; associamo a ciascun osservatore un sistema di riferimento in modo che gli assi x', z', y' di O' siano paralleli ed equiversi, rispettivamente, agli assi x, z, y di O, con $x \equiv x'$. L'osservatore O' si muova, rispetto ad O, con velocità costante v ed in modo che l'asse x' trasli nel verso positivo dell'asse x.

Gli osservatori O e O' siano muniti di orologi sincronizzati secondo il metodo della relatività.

La sincronizzazione sia tale che nell'istante in cui le due origini coincidono i due orologi posizionati, rispettivamente, nella origine di O e nell'origine di O' segnino entrambi il tempo zero cioè: $t = t' = 0$.

Immaginiamo, in un primo momento, di eseguire due esperienze condotte in modo indipendente l'una dall'altra: su ciascun sistema viene emesso un raggio di luce dalla sorgente posizionata nella propria origine.

L'osservatore O', sul proprio sistema, osserva l'emissione del raggio dalla propria origine al tempo $t' = 0$; egli rileva lo stesso raggio, nel rispetto della sincronizzazione degli orologi, nella posizione x' al tempo $t' = \dfrac{x'}{c}$.

La posizione $x' = ct'$ viene individuata, su O, nella posizione x, che a conseguenza del moto relativo e dalla coincidenza degli assi $x \equiv x'$, è data da $x = ct' + vt'$.

Ci chiediamo: un raggio di luce (distinto da quello emesso dall'origine di O') emesso dalla origine di O a $t=0$, con velocità di propagazione c, in quale istante viene rilevato, da O, nella posizione $x=ct=ct'+vt'$ corrispondente(*) alla posizione $x'=ct'$ di O'?

Per rispondere a questa domanda basta risolvere l'equazione $ct'+vt'=ct$, ottenendo: $t=\dfrac{ct'+vt'}{c}>t' \Leftrightarrow ct'<ct$. Questo è un risultato classico e logico in quanto, se la velocità di propagazione è la stessa, a percorso maggiore $ct(>ct')$ corrisponde un tempo $t(>t')$ maggiore.

Evidenziamo che nella espressione $ct'+vt'=ct$ è richiesta l'uguaglianza fra i due spazi $ct'+vt'$ e ct ma non c'è alcuna pretesa di uguaglianza delle misure dei due tempi t e t'; i due raggi, nei due sistemi O e O', vengono emessi dalle rispettive origini all'istante $t=t'=0$, ma essi raggiungeranno i rispettivi estremi finali in istanti diversi: su O' al tempo t' nella posizione $x'=ct'$, su O al tempo t nella posizione $x=ct$.

Rifacciamo la stessa esperienza scambiando i ruoli dei due osservatori. L'osservatore O, sul proprio sistema, osserva l'emissione del raggio dalla propria origine al tempo $t=0$; egli rileva lo stesso raggio, nel rispetto della sincronizzazione degli orologi, nella posizione $x=ct$ al tempo $t=\dfrac{x}{c}$. Alla posizione $x=ct$ corrisponde, su O', la posizione x_1', che a conseguenza del moto relativo e dalla coincidenza degli assi $x \equiv x'$, è data da $x_1'=ct-vt$.

(*) Sono reciprocamente corrispondenti le ascisse x e x', rispettivamente di O e di O', che individuano sull'asse comune $x \equiv x'$ la stessa posizione.

Sono reciprocamente corrispondenti i tempi t e t', rispettivamente di O e di O', che individuano lo stesso evento.

Analogamente al primo caso, ci chiediamo: un raggio di luce emesso dalla origine di O' al tempo $t'=0$, con velocità di propagazione c, in quale istante viene rilevato, su O', nella posizione $x_1'=ct_1'=ct-vt$ corrispondente alla posizione $x=ct$ di O?

Anche in questo caso la risposta si ottiene risolvendo rispetto a t_1' la uguaglianza $ct_1'=ct-vt$, ottenendo:

$$t_1'=\frac{ct-vt}{c}<t.$$

I tempi t' e t_1', di O', che compaiono, rispettivamente, in $x=ct=ct'+vt'$ e in $x_1'=ct_1'=ct-vt$, come meglio verrà precisato in seguito, sono diversi; tuttavia, per non appesantire i ragionamenti, in entrambe le espressioni, relative alle due esperienze separate, essi verranno indicati con lo stesso simbolo t'.

Dopo questa precisazione constatiamo che in ciascuna delle due uguaglianze $ct=ct'+vt'$ e $ct'=ct-vt$, essendo $v\neq 0$, deve essere $t\neq t'$; solo nel caso in cui $v=0$, cioè nel caso in cui i due sistemi sono in quiete relativa, la soluzione è: $t=t'$.

Deve essere chiaro che fisicamente (o geometricamente se si preferisce), come conseguenza della coincidenza dei due assi x e x', le espressioni $ct'+vt'$ di O' e ct di O (essendo $ct'+vt'=ct$) individuano lo stesso percorso, così come individuano lo stesso percorso le due espressioni $ct-vt$ di O e ct' di O' (essendo $ct-vt=ct'$).

Risultando $t'<t$, le uguaglianze $ct'+vt'=ct$ e $ct-vt=ct'$ sono verificate nello spazio ma non nel tempo; ossia raggiungere le posizioni $x'=ct'$ e $x=ct$, rispettivamente su O' e su O, implica, sull'asse comune $x\equiv x'$, la coincidenza del percorso $ct'+vt'$ con il percorso ct e del percorso $ct-vt$ con il percorso ct', ma non implica l'uguaglianza dei tempi in quanto $t'<t$. Dunque, in entrambe le esperienze, sul sistema O', il

raggio raggiunge la posizione $x'=ct'$ "prima" che l'altro raggio, su O, raggiunga la posizione $x=ct$. [L'intervallo di tempo da cui i due eventi sono separati è $\Delta t = t - t' = t - \dfrac{ct}{c+v} = \dfrac{vt}{c+v}$.]

Dobbiamo convincerci che la propagazione del raggio su O' e la propagazione del raggio su O sono due eventi distinti, cioè, pur effettuando lo stesso percorso i due raggi non coincidono.

Anche se il risultato $t'<t$ può sembrare strano esso è un risultato classico. Infatti, l'espressione $t' = \dfrac{ct}{c+v}$ ci rivela che su O il raggio percorre la distanza ct alla velocità c in un tempo t; il raggio (diverso dal primo) che, relativamente ad O', si propaga con velocità c, coprendo la distanza ct' nel tempo t', impiegherebbe lo stesso tempo t' a percorrere lo spazio ct se si propagasse alla velocità $c+v$. Quest'ultima affermazione equivale ad asserire che lo stesso raggio, che su O' si propaga con velocità c, relativamente ad O verrà rilevato con velocità di propagazione $c+v$ (in questo caso anche l'osservatore O rileva, relativamente ad O', il tempo t').

Scopriremo che questa relatività galileiana sarà sempre e comunque presente non essendo possibile eliminarla.

La nostra richiesta $ct'+vt' = ct$ si traduce, classicamente, nell'esigere che due spazi uguali, $(c+v)t'$ e ct, vengano percorsi con velocità diverse. Questo conduce inesorabilmente al risultato che i tempi siano diversi.

Facciamo ulteriori considerazioni.

Il tempo $t = \dfrac{x}{c}$, impiegato dalla luce a propagarsi lungo il tratto x alla velocità c, per l'osservatore O, è lo stesso di quello impiegato dal raggio a percorrere il tratto $ct-vt$ alla velocità $c-v$, cioè:

$$t = \frac{ct}{c} = \frac{ct-vt}{c-v}$$

Ma cosa rappresenta la velocità $c-v$?

Einstein, al § 3 del suo primo lavoro sulla RR[3], così si esprime:

"...Ora si muove però il raggio luminoso relativamente al punto iniziale di k, misurato nel sistema in quiete, con la velocità $c-v$, così che si ha

$$\frac{x'}{c-v} = t$$

..."

In questa espressione abbiamo le seguenti corrispondenze: $x' \equiv ct - vt$, k corrisponde al nostro sistema O', "il sistema in quiete" corrisponde al nostro sistema O, t è il tempo misurato da O.

Einstein afferma che la velocità $c-v$ è la velocità del raggio, rilevata dall'osservatore in quiete (O), relativamente al sistema in moto k (O').

Questa affermazione equivale a sostenere che un osservatore solidale al sistema k (O') rileverebbe lo stesso raggio propagarsi con velocità $c-v$. Dunque la velocità della luce si compone come una qualsiasi velocità?

Ma quest'ultima conclusione è in contraddizione con il principio di invarianza della velocità della luce. La confusione è notevole anche perché se così fosse l'osservatore O' rileverebbe due velocità distinte per lo stesso raggio: rileverebbe la velocità c per il principio di invarianza, ma rileverebbe $c-v$ in quanto velocità relativa.

Einstein introduce il principio di invarianza della velocità della luce secondo il quale, entrambi gli osservatori O e O', dovrebbero rilevare la propagazione **dello stesso raggio** con velocità c; ma, afferma anche, secondo quanto riportato sopra, che il raggio, rilevato da O con velocità c, viene rilevato da O' con velocità $c-v$.

Ovviamente, nel caso in cui O' rilevasse la velocità del raggio pari a $c-v$ ne seguirebbe che: $t = t' = \dfrac{ct - vt}{c - v}$; ossia il tempo di O è anche il tempo di O'. Allora saremmo nella fisica classica.

Comunque, ignoriamo questa contraddizione e consideriamola una verità.

Il principio di invarianza e le trasformate di Lorentz

Le analisi riportate sopra sono state condotte dai due osservatori in modo indipendente.

Adesso facciamo in modo che le soluzioni relative alla prima esperienza siano anche soluzioni della seconda esperienza, ossia nelle due espressioni $ct'+vt'=ct$ e $ct-vt=ct'$ i tempi t e t' dell'una siano anche i tempi dell'altra.

Quest'ultima richiesta ci induce a tenere in considerazione le diverse configurazioni fisiche determinate dalle relative posizioni assunte dai due sistemi.

Infatti, prendiamo in considerazione il raggio che a $t=t'=0$ viene emesso dall'origine di O', esso raggiunge la posizione $x'=ct'$ nell'istante $t'=\frac{x'}{c}$, in questo stesso istante la distanza fra le origini dei due sistemi, a conseguenza del moto relativo, è vt'; questo implica che, per l'osservatore O', lo stesso raggio percorrerà, relativamente ad O, il tratto $ct'+vt'=ct$.

Prendiamo in considerazione il raggio che a $t=t'=0$ viene emesso dall'origine di O, esso raggiunge la posizione $x=ct$ all'istante $t=\frac{x}{c}$, in questo stesso istante la distanza fra le origini dei due sistemi, a conseguenza del moto relativo, è vt; questo implica che lo stesso raggio, per l'osservatore O, percorrerà, relativamente ad O', il tratto $ct-vt=ct'$. Le due configurazioni descritte non sono compatibili ossia non possono riferirsi ad un'unica configurazione fisica. Se ci riferiamo alla prima configurazione dalla relazione $ct'+vt'=ct$ otteniamo $ct'=ct-vt'$; mentre dalla seconda configurazione otteniamo $ct'=ct-vt$.

Dobbiamo concludere che il tempo t' della prima configurazione è diverso dal tempo t' della seconda configurazione.

La conclusione sopra esposta implica che il principio di invarianza sia incompatibile con le configurazioni fisiche assunte dai due sistemi.

Infatti dal principio di invarianza segue che un unico raggio emesso dalle origini comuni a $t=t'=0$ venga rilevato, sia da O che da O', alla velocità di propagazione c; ma se questo fosse possibile i due osservatori dovrebbero rilevare, a conseguenza della unicità dell'asse y' che trasla rispetto all'asse y, la stessa distanza fra le origini cioè si dovrebbe avere $vt'=vt$; quest'ultima condizione (essendo $t'<t$) pretende che si abbia $v't'=vt$ con $v'\neq v$ cioè, l'osservatore O' dovrebbe rilevare che O trasla con velocità v', mentre O dovrebbe rilevare che O' trasla con velocità v.

A questo punto affidiamoci alla matematica.

La richiesta che le soluzioni t e t' della prima configurazione siano anche soluzioni della seconda configurazione viene soddisfatta imponendo che la soluzione $t'=\dfrac{ct}{c+v}$ ricavata dalla $ct'+vt'=ct$ sia uguale alla soluzione $t'=\dfrac{ct-vt}{c}$ ricavata dalla $ct-vt=ct'$, ossia:

$$t'=\frac{(c-v)t}{c}=\frac{ct}{c+v} \Rightarrow c^2=c^2-v^2 \Rightarrow c=\pm\sqrt{c^2-v^2}$$

L'uguaglianza è verificata solo se $v=0$. Tuttavia, con $v\neq 0$, prendendo in considerazione solo il valore positivo cioè, $c'=\sqrt{c^2-v^2}$ possiamo accettare il risultato purché le relazioni iniziali si riscrivano come:

$$ct'+vt' = c't \Rightarrow ct'+vt' = (\sqrt{c^2 - v^2}\,)t$$

$$ct - vt = c't' \Rightarrow ct - vt = (\sqrt{c^2 - v^2}\,)t'$$

Cioè, affinché le due equazioni siano soddisfatte dalle stesse soluzioni, t e t', la velocità della luce non può essere rilevata in entrambi i sistemi con il valore c, ma se in un sistema la velocità è c nell'altro la luce deve propagarsi con velocità $c' = \sqrt{c^2 - v^2}$; questo valore risulta essere la media geometrica fra le due velocità relative $c-v$ e $c+v$ osservate, rispettivamente, da O relativamente ad O' e da O' relativamente ad O. *La relatività galileiana riappare*.

E' bene non illudersi perché l'uguaglianza della coppia di valori t e t' non implica coincidenza delle due configurazioni fisiche.

Affrontiamo la questione in modo diverso.

Cercare le soluzioni comuni alle due relazioni $ct'+vt' = ct$ e $ct - vt = ct'$ equivale a risolvere il sistema:

$$\begin{cases} (c-v)t - ct' = 0 \\ ct - (c+v)t' = 0 \end{cases}$$

Esso è un sistema omogeneo con determinante $v^2 \neq 0$. Quindi l'unica soluzione è quella banale: $t = t' = 0$.

Affinché il sistema ammetta altre soluzioni, oltre a quella banale, occorre modificare il determinante dei coefficienti rendendolo nullo. Questa condizione può essere ottenuta moltiplicando una diagonale del determinante per un coefficiente k da determinare.

Dunque il nostro sistema diventa:

$$\begin{cases} (c-v)t - ckt' = 0 \\ ckt - (c+v)t' = 0 \end{cases}$$

Ponendo $c' = ck$ riscriviamo il sistema:

$$\begin{cases} (c-v)t - c't' = 0 \\ c't - (c+v)t' = 0 \end{cases}$$

L'espressione del determinante dei coefficienti assume la seguente forma: $(c^2 - v^2) - (c')^2$. Imponendo che tale determinante sia uguale a zero ricaviamo l'espressione di k, cioè:

$$(c')^2 = c^2 - v^2 \implies c^2 k^2 = c^2 - v^2$$

quindi:

$$k = \pm\sqrt{\frac{c^2 - v^2}{c^2}} = \pm\sqrt{1 - \frac{v^2}{c^2}}$$

Utilizzando il fattore positivo le nostre relazioni diventano:

$$ct - vt = (\sqrt{c^2 - v^2})t' \qquad ct' + vt' = (\sqrt{c^2 - v^2})t$$

Le espressioni ricavate sono identiche a quelle di prima e ci suggeriscono, ancora una volta, che affinché le equazioni ammettano soluzioni comuni t e t', oltre a quella banale $t = t' = 0$, occorre che la velocità della luce non sia uguale nei due sistemi, ma se in un sistema la velocità vale c allora nell'altro deve valere $c' = \sqrt{c^2 - v^2}$.

Anche la matematica suggerisce che l'ipotesi di invarianza della velocità della luce è incompatibile con le leggi della fisica.

Ma ignorando questo monito che ci giunge dalla matematica e sfruttando il carattere fattoriale del coefficiente k possiamo mantenere, formalmente, il principio di invarianza della velocità della luce.

Quindi scriviamo le nostre relazioni nella forma seguente:

$$ct - vt = \left(\sqrt{1 - \frac{v^2}{c^2}}\right)ct' \qquad ct' + vt' = \left(\sqrt{1 - \frac{v^2}{c^2}}\right)ct$$

Ricordando che $x = ct$ rappresenta la posizione raggiunta dal raggio, su O, al tempo t e che $x' = ct'$ rappresenta la posizione raggiunta dal raggio, su O′, al tempo t', le due relazioni possono essere riscritte come:

$$ct' = \frac{ct - vt}{\sqrt{1 - \frac{v^2}{c^2}}} = x' = \frac{x - vt}{\sqrt{1 - \frac{v^2}{c^2}}} \qquad ct = \frac{ct' + vt'}{\sqrt{1 - \frac{v^2}{c^2}}} = x = \frac{x' + vt'}{\sqrt{1 - \frac{v^2}{c^2}}}$$

Oppure, dividendo per c:

$$t' = \frac{t - \frac{v}{c^2}x}{\sqrt{1 - \frac{v^2}{c^2}}} \qquad t = \frac{t' + \frac{v}{c^2}x'}{\sqrt{1 - \frac{v^2}{c^2}}}$$

Le prime sono le trasformate di Lorentz relative alle posizioni; le seconde sono le trasformate di Lorentz relative al tempo.

Le trasformate di Lorentz sono state ottenute, e si ottengono in qualsiasi trattato di relatività, osservando e descrivendo la propagazione di un raggio di luce il quale gode (per imposizione) della particolare proprietà di propagarsi con velocità c invariante; dunque, le posizioni e i tempi che figurano nelle trasformate devono essere riferite al raggio di luce, misuratore del tempo, e non ad un evento qualsiasi.

Le trasformate di Lorentz relative alle posizioni

Abbiamo ottenuto le trasformazioni di Lorentz imponendo, nelle esperienze descritte con i due raggi, che la stessa coppia di tempi t e t' sia soluzione per entrambe le relazioni $ct'+vt' = ct$ e $ct - vt = ct'$.

Proviamo che quest'ultima richiesta equivale ad eseguire le due esperienze, già esaminate, con un unico raggio.

Al tempo $t = t' = 0$ un raggio di luce viene emesso dalle origini comuni; l'osservatore O' rileverà il raggio nella posizione $x' = ct'$ all'istante $t' = \frac{x'}{c}$; in questo stesso istante, per l'osservatore O', la distanza fra le origini dei due sistemi, a conseguenza del moto relativo, è vt'; questo implica, sempre rispetto ad O', che lo stesso raggio percorrerà, relativamente ad O, il tratto $ct'+vt' = x$.

Secondo la fisica classica lo stesso raggio, relativamente ad O, si propaga con **velocità** $c+v$ e **all'istante** t' si trova nella posizione $x = ct'+vt'$.

Tentiamo di ingannare la fisica classica utilizzando un semplice accorgimento matematico.

Riscriviamo lo spazio $x = ct'+vt'$, percorso dal raggio relativamente ad O, nella forma $x = c\left[\dfrac{(c+v)t'}{c}\right]$. Questo semplice espediente matematico ci consente di illuderci che il raggio si propaghi, anche rispetto ad O, con velocità c.

Il prezzo da pagare, per questa illusione, è una diversa misurazione del tempo. Infatti, il raggio, su O, raggiunge la posizione $x = c\left[\dfrac{(c+v)t'}{c}\right] = ct'+vt'$ in un tempo $\dfrac{(c+v)t'}{c}$, avendo simulato che lo spazio $(c+v)t'$, anche su O, venga percorso alla velocità c.

Facciamo esaminare la stessa esperienza all'osservatore O il quale, all'istante $t=\frac{x}{c}$, rileva il raggio nella posizione $x=ct$; nello stesso istante, per l'osservatore O, la distanza fra le origini dei due sistemi, a conseguenza del moto relativo, è vt; questo implica, secondo l'osservatore O, che lo stesso raggio percorrerà, relativamente ad O', il tratto $x'=ct-vt$.

Come prima poniamo $x'=c\left[\frac{(c-v)t}{c}\right]=ct-vt$ ottenendo così una simulazione in cui il raggio si propaga, anche relativamente ad O', alla velocità c percorrendo il tratto $x'=ct-vt$ nel tempo di $\frac{(c-v)t}{c}$.

Con questi accorgimenti la posizione del raggio, **unica** sull'asse comune $x \equiv x'$, è così rilevata dai due osservatori:

1) su O' il raggio viene rilevato nella posizione $x'=ct'$ al tempo t'; su O, lo stesso raggio, viene rilevato nella posizione corrispondente $x=c\left[\frac{(c+v)t'}{c}\right]$ al tempo $\frac{(c+v)t'}{c}>t'$;

2) su O il raggio viene rilevato nella posizione $x=ct$ al tempo t; su O', lo stesso raggio, viene rilevato nella posizione corrispondente $x'=c\left[\frac{(c-v)t}{c}\right]$ al tempo $\frac{(c-v)t}{c}<t$.

Da una prima valutazione emerge che, in ciascuna coppia (t', $\frac{(c+v)t'}{c}$) e ($\frac{(c-v)t}{c}$, t), rispettivamente della prima e della seconda configurazione, i tempi sono misurati da orologi i cui ritmi devono essere diversi. Ad esempio, nel primo caso, al tempo t' misurato da O' corrisponde il tempo

$\frac{(c+v)t'}{c} > t'$ misurato da O. Nella diversa misura di questi due tempi non c'è alcun mistero e nessun contributo della natura; i due orologi devono semplicemente avere due ritmi diversi per costruzione.

La diversa taratura dipende in modo evidente dalla velocità relativa v ed è ottenuta tecnicamente e non certo per effetti speciali della natura.

Dunque, non è corretto affermare che i due orologi siano di costruzione identica e che il diverso ritmo sia una conseguenza "naturale" del moto relativo.

In ciascuna delle due esperienze entrambi gli osservatori O' e O rilevano l'emissione del raggio "simultaneamente" al tempo $t = t' = 0$, essi osserveranno lo stesso raggio, "simultaneamente", nelle posizioni $x' = ct'$ e $x = ct$ in tempi le cui misure sono diverse.

Ad esempio constatiamo che la posizione $x' = ct'$ è raggiunta, su O', al tempo t' mentre, su O, la posizione corrispondente $x = c\left[\frac{(c+v)t'}{c}\right]$ è raggiunta al tempo $\frac{(c+v)t'}{c} > t'$ quindi concludiamo che la posizione raggiunta dal raggio sull'asse comune $x \equiv x'$ viene rilevata, su O', in $x' = ct'$ "prima" che la stessa posizione venga rilevata, su O, in $x = c\left[\frac{(c+v)t'}{c}\right]$.

Occorre, però, riconoscere che in questo ingarbugliamento di ragionamenti (dovuto all'imposizione "illusione" che la velocità del raggio sia c per entrambi i sistemi) il significato di "prima" è virtuale ossia dobbiamo accettare che le posizioni $x' = ct'$ e $x = c\left[\frac{(c+v)t'}{c}\right]$ siano diverse solo in quanto **misure** riferite ai rispettivi sistemi, ma entrambe fanno riferimento ad un'**unica** posizione sull'asse comune $x \equiv x'$ (*). Dunque, il raggio raggiunge la posizione (unica) sull'asse comune delle x che su O' è individuata in $x'=ct'$ mentre su O è individuata in $x=c\left[\frac{(c+v)t'}{c}\right]$. I due osservatori rilevano **simultaneamente(**)** il raggio anche se le misure dei tempi risultano diverse.

Il tempo in questo contesto assume solo il significato di misura ma non dà indicazioni sull'ordine temporale degli eventi secondo il concetto primitivo, generale e intuitivo, del "prima" e del "dopo".

L'orologio di O' dà ordine temporale agli eventi su O'; l'orologio di O dà ordine temporale agli eventi su O. Non ha senso confrontare l'ordine temporale fra eventi di O ed eventi di O'. I tempi, in questo contesto, sono relativi.

Abbiamo esaminato la stessa esperienza in due modi diversi e indipendenti ottenendo rispettivamente i tempi (t', $\frac{(c+v)t'}{c}$) e ($\frac{(c-v)t}{c}$, t). Le due coppie di tempi hanno misure diverse.

Imponiamo, adesso, che i tempi della prima coppia siano ordinatamente uguali ai tempi della seconda coppia.

Quindi $t'=\frac{(c-v)t}{c}$ e $t=\frac{(c+v)t'}{c}$. Dalla seconda si ha $t'=\frac{ct}{(c+v)}$ che confrontata con la prima dà: $c'=\sqrt{c^2-v^2}$.

Un risultato già noto che ci consente di riscrivere le relazioni:

(*) La coincidenza delle due posizioni relative in un'unica posizione è compatibile, a mio avviso, con la tacita ma evidente ammissione di uno spazio assoluto.
(**) Una breve analisi del concetto di simultaneità è stata sviluppata in un lavoro precedente [1] mentre una parte di essa è stata riportata in appendice.

$$x = ct = c\left[\frac{(c+v)t'}{\sqrt{c^2-v^2}}\right] \qquad x' = ct' = c\left[\frac{(c-v)t}{\sqrt{c^2-v^2}}\right]$$

le quali, come più volte visto, sono equivalenti alle trasformate di Lorentz.

Da queste stesse espressioni, possiamo ottenere la uguaglianza degli spazi:

$$ct'+vt' = \sqrt{c^2-v^2}\,t = ct\sqrt{1-\frac{v^2}{c^2}} \qquad ct-vt = \sqrt{c^2-v^2}\,t' = ct'\sqrt{1-\frac{v^2}{c^2}}$$

E ottenere le relazioni fra i tempi t e t':

$$t' = t\sqrt{\frac{c-v}{c+v}} \qquad t = t'\sqrt{\frac{c+v}{c-v}}$$

Le espressioni ottenute, $x = ct = c\left[\dfrac{(c+v)t'}{\sqrt{c^2-v^2}}\right]$ e $x' = ct' = c\left[\dfrac{(c-v)t}{\sqrt{c^2-v^2}}\right]$, meritano un approfondimento.

Dalla espressione $x = ct = c\left[\dfrac{(c+v)t'}{\sqrt{c^2-v^2}}\right]$, in modo evidente, si evince che, relativamente ad O, il tempo t è dato da: $\left[\dfrac{(c+v)t'}{\sqrt{c^2-v^2}}\right]$; cioè, su O, il ritmo degli orologi deve essere tale che il tempo da essi scandito sia in accordo con il tempo "misurato" da un segnale che si propaga alla velocità $c' = \sqrt{c^2-v^2}$.

La stessa espressione $x = ct = c\left[\dfrac{(c+v)t'}{\sqrt{c^2 - v^2}}\right]$ può essere riscritta come: $x = ct = \dfrac{ct'+vt'}{\sqrt{1 - \dfrac{v^2}{c^2}}}$ dalla quale si deduce che la posizione $x = ct$, su O, è la dilatazione della misura $ct'+vt'$, effettuata da O', secondo il fattore $\sqrt{1 - \dfrac{v^2}{c^2}}$.

Le stesse considerazioni possono essere ripetute per l'espressione $x' = ct' = c\left[\dfrac{(c-v)t}{\sqrt{c^2 - v^2}}\right]$.

Analisi delle posizioni nelle trasformate di Lorentz

Ci proponiamo di capire meglio il ruolo delle posizioni che compaiono nelle trasformate di Lorentz ed a tal fine ricordiamo che esse descrivono la propagazione di un raggio luminoso lungo l'asse comune $x \equiv x'$, e che la generica posizione occupata dal raggio sarà rilevata, dai due osservatori, in posizioni diverse, x e x', solo in quanto **misure** riferite ai rispettivi sistemi, ma entrambe fanno riferimento ad un'**unica** posizione (ossia la posizione assoluta), occupata dal raggio, sull'asse comune.

Riportiamo le due espressioni:

$$ct - vt = \sqrt{1 - \frac{v^2}{c^2}} ct' \qquad ct' + vt' = \sqrt{1 - \frac{v^2}{c^2}} ct$$

La prima $ct - vt = \sqrt{1 - \frac{v^2}{c^2}} ct'$ descrive la seguente esperienza: il raggio luminoso emesso a $t = t' = 0$ dalle origini comuni si propaga, su O, con velocità c e, al tempo t, raggiunge la posizione $x = ct$; lo stesso raggio, rispetto ad O', si propaga con velocità c e viene rilevato al tempo $t' \sqrt{1 - \frac{v^2}{c^2}}$ nella posizione $x' = ct' \sqrt{1 - \frac{v^2}{c^2}} < ct'$; con x' posizione corrispondente di $x = ct$.

Allo stesso modo la espressione $ct' + vt' = \sqrt{1 - \frac{v^2}{c^2}} ct$ descrive la seguente esperienza: il raggio luminoso emesso a

$t=t'=0$ dalle origini comuni si propaga, su O', con velocità c raggiungendo, al tempo t', la posizione $x'=ct'$; lo stesso raggio, su O, si propaga con velocità c e viene rilevato al tempo $t\sqrt{1-\frac{v^2}{c^2}}$ nella posizione $x=ct\sqrt{1-\frac{v^2}{c^2}}<ct$; con x posizione corrispondente di $x'=ct'$.

Le interpretazioni sono interessanti e meritano un approfondimento.

Se il principio di invarianza fosse compatibile con le due configurazioni analizzate sopra, allora, alla posizione $x=ct$ di O corrisponderebbe la posizione $x'=ct'$ di O' e alla posizione $x'=ct'$ di O' corrisponderebbe la posizione $x=ct$ di O con la conseguenza che le due espressioni $ct'+vt'=ct$ e $ct-vt=ct'$ sarebbero verificate dalla stessa coppia di tempi t e t'. Abbiamo visto che non è così.

La posizione $x'=ct'$ di O' non è quella corrispondente alla posizione $x=ct$ di O; piuttosto, su O', $x'=ct'$ individua la posizione la cui misura uguaglia la dilatazione di $ct-vt$ secondo il fattore $\sqrt{1-\frac{v^2}{c^2}}$.

Il tempo t', nel rispetto della sincronizzazione, è l'istante in cui il raggio, alla velocità di propagazione c, raggiunge, su O', la posizione $x'=ct'$.

Dunque, nella trasformata $x'=ct'=\dfrac{ct-vt}{\sqrt{1-\dfrac{v^2}{c^2}}}$, le posizioni $x'=ct'$ e $x=ct$ non individuano, sull'asse comune, la stessa posizione; $x'=ct'$ è quella posizione che, su O', viene raggiunta, dal raggio, al tempo t'; la posizione $x'=\sqrt{1-\frac{v^2}{c^2}}ct'<ct'$ è quella

che, su O', viene raggiunta, dal raggio, al tempo $t'\sqrt{1-\frac{v^2}{c^2}} < t'$ e che, sull'asse comune, individua la stessa posizione che su O è individuata in $x = ct$.

La posizione $x' = ct'$, ricavata dalla trasformata di Lorentz, risulta una posizione fittizia nel senso che essa non è quella corrispondente alla posizione $x = ct$ di O come da sempre affermato.

Allo stesso modo, la posizione $x = ct$ non è quella di O corrispondente alla posizione $x' = ct'$ di O'; piuttosto, $x = ct$ individua, su O, la posizione la cui misura uguaglia la dilatazione di $ct'+vt'$ secondo il fattore $\sqrt{1-\frac{v^2}{c^2}}$.

Il tempo t, nel rispetto della sincronizzazione, è l'istante in cui il raggio, alla velocità di propagazione c, raggiunge, su O, la posizione $x = ct$.

Nella trasformata di Lorentz, $x = ct = \frac{ct'+vt'}{\sqrt{1-\frac{v^2}{c^2}}}$, la posizione $x = ct$ non è quella corrispondente alla posizione $x' = ct'$; la posizione $x = ct$ è quella che, su O, il raggio raggiunge al tempo t; la posizione $x = \sqrt{1-\frac{v^2}{c^2}}ct$ è quella che, su O, il raggio raggiunge al tempo $t\sqrt{1-\frac{v^2}{c^2}} < t$ e che, sull'asse comune, individua la stessa posizione che, su O', è individuata da $x' = ct'$.

Anche la posizione $x = ct$, ricavata dalla trasformata di Lorentz, è una posizione fittizia nel senso che essa non è quella corrispondente alla posizione $x' = ct'$ di O' come da sempre affermato.

Quindi, nelle trasformate di Lorentz, le posizioni $x = ct$ e $x' = ct'$ non sono reciprocamente corrispondenti.

A questo punto siamo in grado di spiegare anche il mistero della dilatazione delle lunghezze (contrazione per i relativisti).

Dobbiamo, però, prima ricordare qual è l'interpretazione ufficiale delle trasformate di Lorentz.

Per dedurre le trasformate di Lorentz si fa l'ipotesi che un raggio di luce venga emesso dalle origini comuni al tempo $t = t' = 0$ e, imponendo il principio di invarianza, entrambi gli osservatori rilevano che il raggio si propaga con velocità c.

Dall'unicità del raggio e dal principio di invarianza, in questo contesto, siamo costretti ad "immaginare" che la generica e unica posizione del raggio venga rilevata dai due osservatori O e O', rispettivamente in $x = ct$ e in $x' = ct'$.

In questo modo si ha l'illusione che le trasformate, forzando quello che è il loro significato naturale, siano le relazioni fra le posizioni, $x = ct$ di O e $x' = ct'$ di O', corrispondenti a quell'unica (istantanea) posizione che il raggio occupa sull'asse comune $x \equiv x'$.

Da una analisi più attenta, esposta sopra, si comprende, però, che la posizione $x = ct = \dfrac{ct' + vt'}{\sqrt{1 - \dfrac{v^2}{c^2}}}$, determinata con la trasformata di Lorentz, rappresenta una posizione fittizia *"calcolata"* per soddisfare (apparentemente) il principio di invarianza della velocità della luce.

Alla posizione reale $x' = ct'$, su O', corrisponde, su O, la posizione reale $x = (\sqrt{c^2 - v^2})t$ del raggio che si propaga lungo l'asse comune.

Allora, dalla relazione $ct'+vt'=(\sqrt{c^2-v^2})t$, risulta evidente, essendo $(\sqrt{c^2-v^2})t < ct$, che la posizione $x = ct$ è la "dilatazione" di $ct'+vt'$ cioè: $x = ct = \dfrac{ct'+vt'}{\sqrt{1-\dfrac{v^2}{c^2}}}$.

Dunque, la misura $ct'+vt'$, eseguita da O′, individua, su O, esattamente l'ascissa $x = (\sqrt{c^2-v^2})t$; volendo imporre che alla stessa misura $ct'+vt'$ corrisponda, invece, su O, l'ascissa $x = ct$, essendo $ct > \sqrt{c^2-v^2}\,t$, la matematica ci viene incontro "ingrandendo" la stessa misura $ct'+vt'$; questo ingrandimento lo otteniamo utilizzando la trasformata di Lorentz:

$$x = ct = \dfrac{ct'+vt'}{\sqrt{1-\dfrac{v^2}{c^2}}}$$

Allora, nessun mistero e soprattutto nessuna dilatazione (contrazione) delle lunghezze. La dilatazione è una conseguenza di una necessità matematica dovuta alla imposizione di uguagliare le due diverse misure $ct'+vt'$ e ct in modo da essere illusi (o da illudere) che sia rispettato il principio di invarianza.

L'analisi riportata sopra ci impone di concludere che le trasformate di Lorentz, correttamente interpretate, devono essere presentate nella forma:

$$ct - vt = ct'\sqrt{1-\dfrac{v^2}{c^2}} \qquad ct'+vt' = ct\sqrt{1-\dfrac{v^2}{c^2}}$$

Con t corrispondente di $t'\sqrt{1-\dfrac{v^2}{c^2}}$ e con t' corrispondente di $t\sqrt{1-\dfrac{v^2}{c^2}}$; le relazioni fra t e t' sono:

$$t' = t\sqrt{\dfrac{c-v}{c+v}} \qquad t = t'\sqrt{\dfrac{c+v}{c-v}}$$

Le trasformate di Lorentz relative al tempo

Esaminiamo adesso le trasformate di Lorentz relative al tempo.
Riscriviamo le nostre relazioni nella forma voluta dalla nuova interpretazione:

$$ct'+vt' = ct\sqrt{1-\frac{v^2}{c^2}} \qquad ct-vt = ct'\sqrt{1-\frac{v^2}{c^2}}$$

Dividendo per c otteniamo:

$$\frac{ct'+vt'}{c} = t\sqrt{1-\frac{v^2}{c^2}} \qquad \frac{ct-vt}{c} = t'\sqrt{1-\frac{v^2}{c^2}}$$

Da quelle a sinistra si ha che il raggio emesso dalle origini comuni a $t = t' = 0$ raggiunge, su O', la posizione $x' = ct'$ all'istante t'; lo stesso raggio raggiungerà, su O, la posizione corrispondente $x = ct\sqrt{1-\frac{v^2}{c^2}}$ all'istante $t\sqrt{1-\frac{v^2}{c^2}}$.

Da quelle a destra si ha che il raggio emesso dalle origini comuni a $t = t' = 0$ raggiunge, su O, la posizione $x = ct$ all'istante t; lo stesso raggio raggiunge, su O', la posizione corrispondente $x' = ct'\sqrt{1-\frac{v^2}{c^2}}$ all'istante $t'\sqrt{1-\frac{v^2}{c^2}}$.

Conosciamo, già, le relazioni fra i tempi t e t' riferiti alle posizioni $x = ct$ di O e $x' = ct'$ di O' che compaiono nelle trasformate di Lorentz, esse sono:

$$t' = t\sqrt{\frac{c-v}{c+v}} \qquad\qquad t = t'\sqrt{\frac{c+v}{c-v}}$$

Così, se t' è l'istante in cui il raggio raggiunge la posizione $x' = ct'$ ne segue che $t = t'\sqrt{\frac{c+v}{c-v}}$ è l'istante in cui lo stesso raggio raggiunge, su O, la posizione $x = ct$.

Analogamente, se t è l'istante in cui il raggio, su O, raggiunge la posizione $x = ct$, ne segue che $t' = t\sqrt{\frac{c-v}{c+v}}$ è l'istante in cui lo stesso raggio raggiunge, su O', la posizione $x' = ct'$.

Continuiamo la nostra analisi.

Dalla espressione $ct - vt = ct'\sqrt{1 - \frac{v^2}{c^2}}$, ricordando che al tempo t di O corrisponde il tempo $t'\sqrt{1 - \frac{v^2}{c^2}}$ di O' e che $t' = t\sqrt{\frac{c-v}{c+v}}$, deduciamo:

$$t'\sqrt{1 - \frac{v^2}{c^2}} = \left[t\sqrt{\frac{c-v}{c+v}}\right]\sqrt{1 - \frac{v^2}{c^2}} = \frac{(c-v)t}{c}$$

Dunque, il tempo $t'\sqrt{1 - \frac{v^2}{c^2}} = \frac{c-v}{c}t$ su O', per ogni fissato valore t di O, tende al valore zero se $v \to c$.

Questo risultato è comunemente chiamato effetto della dilatazione del tempo: l'orologio in moto rallenta il suo ritmo.

Cerchiamo una spiegazione.

In questa configurazione, sul sistema O, il raggio si propaga con velocità c; il sistema O' trasla, rispetto ad O, con velocità v.

L'ultima espressione afferma chiaramente che la velocità di propagazione della luce, effettivamente rilevata su O', è $(c-v)$, risultando c, sempre su O', una velocità di propagazione "apparente".

Il sistema O', dunque, "rincorre" il raggio il quale, relativamente ad O', effettua un percorso $(c-v)t$, che risulta tanto più piccolo, rispetto al percorso effettuato su O dallo stesso raggio alla velocità c, quanto più $v \to c$. Al limite per $v=c$ il raggio, su O', appare fermo e quindi $t'=0$, cioè su O' il tempo si ferma; tutto questo mentre su O il tempo scorre uniformemente.

Anche la dilatazione del tempo ha una spiegazione. Essa è dovuta alle diverse velocità (reali) di propagazione del raggio rilevate dai due osservatori O e O'.

Nell'altra espressione $(\sqrt{c^2-v^2})t = ct'+vt'$ il termine vt' rappresenta il contributo della traslazione dovuta al moto relativo, essendo questo contributo, a parità di t', tanto più grande quanto più v si avvicina al valore c; ma, se $v \to c$, su O, la velocità $c' = \sqrt{c^2-v^2}$ diventa molto piccola quindi il tempo $t = \dfrac{ct'+vt'}{\sqrt{c^2-v^2}}$, per ogni fissato t', tende ad ∞ per $v \to c$.

Per meglio cogliere il significato dall'espressione precedente ricaviamo la seguente relazione:

$$\frac{t}{t'} = \frac{c+v}{\sqrt{c^2-v^2}} = \sqrt{\frac{c+v}{c-v}}$$

In questo modo ritroviamo che lo scorrere del tempo t', su O', è molto più lento rispetto allo scorrere del tempo t su O;

questa differenza è tanto più accentuata quanto più v si avvicina al valore c.

Dobbiamo ricordare, però, che i tempi t e t' non si riferiscono allo stesso evento. Infatti, la posizione (unica) del raggio, sull'asse comune, viene rilevata su O' e su O rispettivamente in $x'=ct'$ al tempo t' e in $x=ct\sqrt{1-\frac{v^2}{c^2}}$ al tempo $t\sqrt{1-\frac{v^2}{c^2}}$ cioè: $ct'+vt'=t\sqrt{c^2-v^2}=ct\sqrt{1-\frac{v^2}{c^2}}$.

Le due espressioni $x=t\sqrt{c^2-v^2}$ e $x=ct\sqrt{1-\frac{v^2}{c^2}}$ individuano la stessa posizione e sono quantitativamente equivalenti ma hanno un significato fisico diverso: nella prima la velocità del raggio è $c'=\sqrt{c^2-v^2}$ mentre nella seconda la velocità del raggio è c.

Ricordando che nella relazione $ct'+vt'=ct\sqrt{1-\frac{v^2}{c^2}}$ al tempo t' di O' corrisponde il tempo $t\sqrt{1-\frac{v^2}{c^2}}$ di O e ricordando la relazione $t=t'\sqrt{\frac{c+v}{c-v}}$, otteniamo:

$$t\sqrt{1-\frac{v^2}{c^2}}=\left[t'\sqrt{\frac{c+v}{c-v}}\right]\sqrt{1-\frac{v^2}{c^2}}=\frac{c+v}{c}t'$$

Quindi:

$$\text{se}\quad v\to c \Rightarrow t\sqrt{1-\frac{v^2}{c^2}}\to 2t'$$

Dunque, non dobbiamo confondere il tempo t relativo alla posizione $x = ct$ con il tempo $t\sqrt{1-\frac{v^2}{c^2}}$ relativo alla posizione $x = ct\sqrt{1-\frac{v^2}{c^2}}$ essi, per $v \to c$, tendono rispettivamente a ∞ e a $2t'$.

Tale confusione comporta l'affermazione che, per $v \to c$, un evento che su O' avviene al tempo t' su O avverrà dopo un tempo infinito. Affermazione falsa.

Anche in questo caso dobbiamo ammettere che il diverso scorrere del tempo sui due sistemi è dovuto alle diverse velocità di propagazione del raggio rispetto ai due osservatori.

La espressione $t = \frac{ct'+vt'}{\sqrt{c^2-v^2}}$ potrebbe ingannare dando l'impressione che con questa operazione la misura del tempo non sia in accordo con la sincronizzazione degli orologi voluta dalla relatività.

Facciamo vedere che effettivamente il tempo è calcolato come rapporto fra lo spazio percorso dal raggio e la velocità c del raggio stesso.

Infatti, la nostra espressione può essere scritta nella forma:

$$t = \frac{ct'+vt'}{\sqrt{c^2-v^2}} = \frac{\frac{ct'+vt'}{\sqrt{1-\frac{v^2}{c^2}}}}{c} = \frac{ct}{c}$$

Cioè, su O, il tempo t impiegato dal raggio a percorrere lo spazio $ct'+vt'$ alla velocità $\sqrt{c^2-v^2}$ è lo stesso di quello impiegato a percorrere lo spazio ct alla velocità c.

Le trasformate di Lorentz applicate ad un evento qualsiasi

Le trasformate di Lorentz sono state ottenute descrivendo la propagazione di un raggio di luce imponendo a quest'ultimo il principio di invarianza ossia il principio secondo il quale la velocità della luce ha lo stesso valore c in tutti i sistemi di riferimento in moto relativo uniforme.

Il principio di invarianza implica (è stato visto) alcune condizioni matematiche necessarie per individuare la forma definitiva delle trasformate ossia delle relazioni fra le coordinate dell'evento "propagazione della luce" rilevate dai due osservatori in moto relativo.

Le trasformate di Lorentz, relative alla posizione, vengono così presentate:

$$x' = ct' = \frac{ct-vt}{\sqrt{1-\frac{v^2}{c^2}}} = \frac{x-vt}{\sqrt{1-\frac{v^2}{c^2}}} \qquad x = ct = \frac{ct'+vt'}{\sqrt{1-\frac{v^2}{c^2}}} = \frac{x'+vt'}{\sqrt{1-\frac{v^2}{c^2}}}$$

In questa forma l'interpretazione ufficiale considera corrispondenti le posizioni x' e x cioè le due ascisse, $x' = ct'$ su O' e $x = ct$ su O, dovrebbero individuare la stessa posizione sull'asse comune $x \equiv x'$ (abbiamo visto che non è così).

Nella prima trasformazione il termine $ct(x)$ è la posizione, rilevata su O, raggiunta dal raggio all'istante t, mentre $ct'(x')$ è la posizione corrispondente su O'.

Allo stesso modo, nella seconda trasformazione, il termine $ct'(x')$ è la posizione, che il raggio raggiunge, su O', all'istante t', mentre $ct(x)$ è la posizione corrispondente su O.

Le posizioni x e x' sono dunque relative al raggio e potremmo concludere che le trasformate di Lorentz sono le trasformate delle coordinate relative al raggio luminoso che, emesso dalle origini comuni al tempo $t = t' = 0$, si propaga nel verso positivo lungo gli assi comuni $x \equiv x'$.

Ma, anche su questo punto, diverso è il pensiero ufficiale che riconosce nelle coordinate x e x' le posizioni, di uno stesso **generico** evento, rilevate, rispettivamente, dagli osservatori O e O'.

Per onestà intellettuale bisogna ammettere che è difficile individuare una giustificazione fisica che motivi la correttezza del passaggio da $ct - vt = ct'\sqrt{1 - \dfrac{v^2}{c^2}}$ a $x - vt = x'\sqrt{1 - \dfrac{v^2}{c^2}}$, con x e x' posizioni di un generico evento, tuttavia accettiamo questa metamorfosi e analizziamo le conseguenze.

In questo lavoro, nella parte che precede, è stato ottenuto che la corrispondenza corretta delle trasformate di Lorentz è:

$$ct - vt = (\sqrt{c^2 - v^2})t' \qquad ct' + vt' = (\sqrt{c^2 - v^2})t$$

La prima individua la posizione $x' = (\sqrt{c^2 - v^2})t'$, su O', corrispondente alla posizione $x = ct$ rilevata su O; la seconda individua la posizione $x = (\sqrt{c^2 - v^2})t$, su O, corrispondente alla posizione $x' = ct'$ rilevata su O'.

Cerchiamo di comprendere il senso fisico della sostituzione di ct e ct', rispettivamente con le coordinate x e x' di un evento generico e a tal fine proponiamo le seguenti posizioni: $x = ut$, $x' = u't'$.

Cioè, esprimiamo le coordinate, di un generico evento, (x,t) su O e (x',t') su O', rispettivamente con (ut,t) e $(u't',t')$, dove u e u' simulano le velocità con cui un ipotetico corpo viene visto transitare dalle origini comuni a $t=t'=0$, rispettivamente da O e da O', in modo che al tempo t si trovi nella posizione $x=ut$ su O, e al tempo t' si trovi nella posizione $x'=u't'$ su O'.

Nel caso particolare in cui $u=c$, $u'=c$ gli eventi, (ct,t) e (ct',t'), saranno riferiti alla propagazione del raggio luminoso.

Si noti che, analogamente a quanto constatato per la propagazione del raggio luminoso, $x=ut$ e $x'=u't'$ non individuano la stessa posizione sull'asse comune $x \equiv x'$.

Con la nuova posizione le nostre relazioni diventano:

$$u't'+vt' = ut\sqrt{1-\frac{v^2}{c^2}} \qquad ut-vt = u't'\sqrt{1-\frac{v^2}{c^2}}$$

Affinché esse ammettano soluzioni, t e t', comuni occorre risolvere il sistema:

$$\begin{cases} u't'+vt' = ut\sqrt{1-\frac{v^2}{c^2}} \\ ut-vt = u't'\sqrt{1-\frac{v^2}{c^2}} \end{cases} \Rightarrow \begin{cases} t'(u'+v) - ut\sqrt{1-\frac{v^2}{c^2}} = 0 \\ u't'\sqrt{1-\frac{v^2}{c^2}} - t(u-v) = 0 \end{cases}$$

Il sistema, oltre alla soluzione banale $t=t'=0$, ammette altre soluzioni t e t' se il determinante dei coefficienti è zero, cioè:

$$-(u'+v)(u-v) + uu'\left(1-\frac{v^2}{c^2}\right) = 0 \Rightarrow u'-u+v-uu'\frac{v}{c^2} = 0$$

Da quest'ultima otteniamo le seguenti relazioni:

$$v = \frac{u - u'}{1 - \frac{uu'}{c^2}} \qquad u = \frac{u'+v}{1+\frac{u'v}{c^2}} \qquad u' = \frac{u-v}{1-\frac{uv}{c^2}}$$

Queste sono le trasformazioni relativistiche delle velocità. Esse sono le relazioni che le velocità (rilevate da O e da O') del corpo e la velocità relativa fra i due sistemi devono soddisfare affinché il sistema di partenza ammetta soluzioni oltre a quella banale. Commentiamole.

Le relazioni ottenute implicano una reciproca dipendenza della velocità relativa fra i due osservatori e le velocità "ipotetiche" associate alle posizioni degli eventi.

Infatti, individuate le coordinate (x',t'), dell'evento su O', e stabilita la velocità v relativa si ottiene:

$$u' = \frac{x'}{t'} \qquad x' = u't' \qquad u = \frac{u'+v}{1+\frac{u'v}{c^2}}$$

e ricavando il tempo per mezzo delle trasformate di Lorentz:

$$t = \frac{t'+\frac{v}{c^2}x'}{\sqrt{1-\frac{v^2}{c^2}}}$$

otteniamo $x = ut$ cioè, secondo l'interpretazione ufficiale, la posizione corrispondente su O.

Le relazioni ottenute ci danno indicazioni sui valori possibili assunti dalle velocità.

Dalle relazioni $u = \dfrac{u'+v}{1+\dfrac{u'v}{c^2}}$ e $u' = \dfrac{u-v}{1-\dfrac{uv}{c^2}}$ si può dedurre che la condizione $u'=u$ è proibita dalla relazione $v = \dfrac{u-u'}{1-\dfrac{uu'}{c^2}}$.

Infatti, questo è possibile solo se $v=0$ ossia solo se i due osservatori sono in quiete relativa. Nella particolare ipotesi che $u'=c$ oppure $u=c$ le relazioni fra velocità danno $u'=u=c$; questo implica che la relazione $v = \dfrac{u-u'}{1-\dfrac{uu'}{c^2}}$ sia, dal punto di vista matematico, priva di significato, tuttavia dal punto di vista fisico, risultando indeterminata, v può assumere qualsiasi valore.

Le trasformate ottenute non impongono alcun limite alle velocità, in particolare le formule consentono ad un corpo di viaggiare, relativamente ad un sistema inerziale, a velocità superiore a quella della luce. Sarà la dinamica ad imporre dei limiti alle velocità.

Abbiamo ottenuto le trasformate temporali di un evento generico impostando un sistema fra le relazioni che descrivono lo scorrere del tempo nei due sistemi.

Vogliamo ritrovare le stesse trasformazioni attraverso un procedimento, già usato per dedurre le trasformate di Lorentz relative alla propagazione del raggio luminoso, che ci consenta di comprendere meglio il significato fisico insito nelle stesse trasformate.

A tal fine riprendiamo in considerazione un ipotetico corpo che transita dalle origini comuni al tempo $t=t'=0$. Il corpo al tempo $t' = \dfrac{ct'}{c}$ verrà rilevato, su O', nella posizione $x'=u't'$, con u' velocità del corpo relativamente ad O'.

Per effetto del moto relativo il corpo sarà rilevato, su O, nella posizione $x = u't'+vt'$.

La trasformata di Lorentz $x'+vt' = x\sqrt{1-\frac{v^2}{c^2}}$ applicata all'evento generico (x',t') nel caso specifico diventa $u't'+vt' = ut\sqrt{1-\frac{v^2}{c^2}}$ che fa corrispondere al tempo t' di O' il tempo $t\sqrt{1-\frac{v^2}{c^2}}$ di O, avendo indicato con u la velocità del corpo relativamente ad O.

Cioè dato il tempo $t' = \frac{ct'}{c}$ di O' esisterà un tempo $t = \frac{ct}{c}$ di O tale che $u't'+vt' = ut\sqrt{1-\frac{v^2}{c^2}}$.

Osserviamo lo stesso fenomeno cambiando punto di vista ed in modo indipendente dalla prima osservazione.

L'ipotetico corpo, che transita dalle origini comuni al tempo $t = t' = 0$, viene rilevato su O al tempo $t = \frac{ct}{c}$ nella posizione $x = ut$. Lo stesso corpo, a causa del moto relativo, sarà rilevato, su O', nella posizione $x' = ut - vt$. Il tutto è riassunto dalla relazione $ut - vt = u't'\sqrt{1-\frac{v^2}{c^2}}$ che fa corrispondere al tempo t di O il tempo $t'\sqrt{1-\frac{v^2}{c^2}}$ di O'.

Cioè dato il tempo $t = \frac{ct}{c}$ di O esisterà un tempo $t' = \frac{ct'}{c}$ di O' tale che $ut - vt = u't'\sqrt{1-\frac{v^2}{c^2}}$.

Le due diverse analisi, pur riferendosi allo stesso fenomeno, vengono eseguite su due configurazioni diverse.

Infatti, ricordiamo che la sincronizzazione degli orologi implica che, nella misura dei tempi, venga presa in considerazione una diversa configurazione fisica delle posizioni reciproche dei due sistemi, dovuta ad una diversa distanza di traslazione fra le due origini rilevata dai due osservatori.

Il fatto che le due relazioni, $u't'+vt'=ut\sqrt{1-\frac{v^2}{c^2}}$ e $ut-vt=u't'\sqrt{1-\frac{v^2}{c^2}}$, si riferiscano a configurazioni diverse implica che i tempi t e t' nella prima relazione siano diversi dai tempi t e t' della seconda relazione.

Nella prima relazione la soluzione è data dalla coppia $\left(t', \dfrac{u't'+vt'}{u\sqrt{1-\dfrac{v^2}{c^2}}}\right)$ mentre la soluzione della seconda relazione è data dall'altra coppia $\left(\dfrac{ut-vt}{u'\sqrt{1-\dfrac{v^2}{c^2}}}, t\right)$.

Imponiamo che i valori della prima coppia coincidano ordinatamente con i valori della seconda coppia. Quindi:

$$t'=\frac{ut-vt}{u'\sqrt{1-\frac{v^2}{c^2}}} \quad \text{e} \quad t=\frac{u't'+vt'}{u\sqrt{1-\frac{v^2}{c^2}}}$$

Ricavando t' dalla seconda e confrontando con la prima si ottiene la seguente relazione:

$$(u-v)(u'+v) = uu'(1-\frac{v^2}{c^2})$$

dalla quale si ricavano le relazioni fra le velocità:

$$v = \frac{u-u'}{1-\frac{uu'}{c^2}} \quad ; \quad u = \frac{u'+v}{1+\frac{u'v}{c^2}} \quad ; \quad u' = \frac{u-v}{1-\frac{uv}{c^2}}$$

Esse, sappiamo già, sono le condizioni a cui devono sottostare le velocità v, u, e u' affinché le coordinate siano espresse mediante le trasformate di Lorentz, ossia:

$$u't'\sqrt{1-\frac{v^2}{c^2}} = ut - vt \qquad ut\sqrt{1-\frac{v^2}{c^2}} = u't'+vt'$$

$$t'\sqrt{1-\frac{v^2}{c^2}} = t - \frac{v}{c^2}x \qquad t\sqrt{1-\frac{v^2}{c^2}} = t'+\frac{v}{c^2}x'$$

Significato fisico delle trasformate di Lorentz applicate ad un evento qualsiasi

Nel rispetto dei risultati ottenuti analizziamo il senso fisico delle espressioni relative a t e t' :

$$ut\sqrt{1-\frac{v^2}{c^2}} = t'(u'+v) \implies t\sqrt{1-\frac{v^2}{c^2}} = \frac{t'(u'+v)}{u}$$

ponendo in quest'ultima $u = \dfrac{u'+v}{1+\dfrac{u'v}{c^2}}$ otteniamo:

$$t\sqrt{1-\frac{v^2}{c^2}} = \frac{t'(u'+v)}{u} = t'(1+\frac{u'v}{c^2}) = t'+\frac{v}{c^2}x'$$

Analogamente:

$$u't'\sqrt{1-\frac{v^2}{c^2}} = t(u-v) \implies t'\sqrt{1-\frac{v^2}{c^2}} = \frac{t(u-v)}{u'}$$

e, quindi, ponendo $u' = \dfrac{u-v}{1-\dfrac{uv}{c^2}}$ otteniamo:

$$t'\sqrt{1-\frac{v^2}{c^2}} = \frac{t(u-v)}{u'} = t(1-\frac{uv}{c^2}) = t-\frac{v}{c^2}x$$

Infine, le trasformate del tempo assumono la forma:

$$\begin{cases} t'\sqrt{1-\dfrac{v^2}{c^2}} = \dfrac{t(u-v)}{u'} = t - \dfrac{v}{c^2}x \\ t\sqrt{1-\dfrac{v^2}{c^2}} = \dfrac{t'(u'+v)}{u} = t' + \dfrac{v}{c^2}x' \end{cases}$$

Dunque, il tempo $t'\sqrt{1-\dfrac{v^2}{c^2}}$ è quello impiegato dall'ipotetico corpo, che relativamente ad O', percorre lo spazio $t(u-v)$ alla velocità u' ossia: $t'\sqrt{1-\dfrac{v^2}{c^2}} = \dfrac{t(u-v)}{u'}$. Tuttavia, dalla uguaglianza $\dfrac{t(u-v)}{u'} = t - \dfrac{v}{c^2}x$, possiamo scrivere $t'\sqrt{1-\dfrac{v^2}{c^2}} = t - \dfrac{v}{c^2}x$ che nella versione ufficiale diventa $t' = \dfrac{t - \dfrac{v}{c^2}x}{\sqrt{1-\dfrac{v^2}{c^2}}}$ ossia la trasformata di Lorentz relativa al tempo.

In modo analogo il tempo $t\sqrt{1-\dfrac{v^2}{c^2}}$ è quello impiegato dall'ipotetico corpo, relativamente ad O, a percorrere lo spazio $u't'+vt'$ alla velocità u, cioè: $t\sqrt{1-\dfrac{v^2}{c^2}} = \dfrac{t'(u'+v)}{u}$. Sfruttando la uguaglianza $\dfrac{t'(u'+v)}{u} = t' + \dfrac{v}{c^2}x'$ possiamo scrivere $t\sqrt{1-\dfrac{v^2}{c^2}} = t' + \dfrac{v}{c^2}x'$ che nella forma ufficiale $t = \dfrac{t' + \dfrac{v}{c^2}x'}{\sqrt{1-\dfrac{v^2}{c^2}}}$ rappresenta la trasformata di Lorentz relativa al tempo.

Scopriamo, dunque, che le posizioni x e x', presenti nella trasformata di Lorentz relativa al tempo custodiscono un significato fisico più profondo di quello banale di posizione dell'evento.

A questo punto è doveroso fare un breve rendiconto.

Gli orologi di O e di O' sono stati sincronizzati, secondo il metodo della relatività, in modo che ciascuno di essi segni, rispettivamente, il tempo $t=\dfrac{x}{c}$ e $t'=\dfrac{x'}{c}$ nell'istante in cui il raggio di luce, emesso dalle origini comuni al tempo $t=t'=0$, raggiunge, relativamente a ciascun sistema, la posizione individuata da x e x'.

I tempi segnati dagli orologi di O e di O' stanno nella relazione la cui espressione è la trasformata di Lorentz, quindi, al tempo t', individuato su O', corrisponde, su O, il tempo $t\sqrt{1-\dfrac{v^2}{c^2}}\left[=t'+\dfrac{v}{c}t'\right]$ e questo risulta essere indipendente dalla posizione che occupa l'orologio su O'; al tempo t, individuato su O, corrisponde, su O', il tempo $t'\sqrt{1-\dfrac{v^2}{c^2}}\left[=t-\dfrac{v}{c}t\right]$ che risulta indipendente dalla posizione che occupa l'orologio su O.

Quindi, relativamente alla propagazione del raggio luminoso, al tempo $t'=\dfrac{x'}{c}$ dell'evento (ct',t'), rilevato su O', corrisponderà, su O, il tempo $t\sqrt{1-\dfrac{v^2}{c^2}}\left[=t'+\dfrac{v}{c}t'\right]$, con $t=\dfrac{x}{c}$.

Analogamente, sempre relativamente alla propagazione del raggio luminoso, al tempo $t=\dfrac{x}{c}$ dell'evento (ct,t), rilevato su O, corrisponderà, su O', il tempo $t'\sqrt{1-\dfrac{v^2}{c^2}}\left[=t-\dfrac{v}{c}t\right]$, con $t'=\dfrac{x'}{c}$.

Nel caso di un evento generico (x',t'), con $x' \neq ct'$, al tempo $t' = \dfrac{ct'}{c}$, rilevato su O', corrisponderà su O il tempo $t_1\sqrt{1-\dfrac{v^2}{c^2}}\left[=t'+\dfrac{v}{c^2}x'\right]$, con $t_1 = \dfrac{x_1}{c} = \dfrac{ct_1}{c} \neq \dfrac{ct}{c}$; nel caso dell'evento generico (x,t), con $x \neq ct$, al tempo $t = \dfrac{ct}{c}$, rilevato su O, corrisponderà, su O', il tempo $t_1'\sqrt{1-\dfrac{v^2}{c^2}}\left[=t-\dfrac{v}{c^2}x\right]$, con $t_1' = \dfrac{x_1'}{c} = \dfrac{ct_1'}{c} \neq \dfrac{ct'}{c}$.

Constatiamo, quindi, che nella trasformata di Lorentz relativa al tempo la presenza della posizione è legata all'evento generico che deve essere distinto dall'evento propagazione del raggio luminoso.

Vogliamo capire cosa cambia nella trasformata di Lorentz relativa al tempo quando quest'ultima è riferita all'evento generico anziché all'evento propagazione del raggio luminoso. Nel caso dell'evento luminoso (ct',t'), rilevato su O', dalla trasformata di Lorentz otteniamo il tempo:

$$t\sqrt{1-\dfrac{v^2}{c^2}} = t'+\dfrac{v}{c}t'\left[=\dfrac{t'(c+v)}{c}\right]$$

Esso rappresenta il tempo affinché, relativamente ad O, il raggio, alla velocità c, si propaghi lungo il tratto $t'(c+v)$. Nel caso dell'evento luminoso (ct,t), rilevato da O, dalla trasformata di Lorentz otteniamo il tempo:

$$t'\sqrt{1-\dfrac{v^2}{c^2}} = t-\dfrac{v}{c}t\left[=\dfrac{t(c-v)}{c}\right]$$

Esso rappresenta il tempo affinché, relativamente ad O', il raggio, alla velocità c, si propaghi lungo il tratto $t(c-v)$.

Nel caso dell'evento generico $(x'=u't', t'=\frac{ct'}{c})$, rilevato su O', la trasformata di Lorentz ci dà il tempo:

$$t_1\sqrt{1-\frac{v^2}{c^2}} = t' + \frac{v}{c^2}x'\left[= \frac{t'(u'+v)}{u} \right]$$

Esso rappresenta il tempo affinché, relativamente ad O, l'ipotetico corpo, alla velocità u, percorra il tratto $t'(u'+v)$.

Nel caso dell'evento generico $(x=ut, t=\frac{ct}{c})$, rilevato su O, la trasformata di Lorentz ci dà il tempo:

$$t_1'\sqrt{1-\frac{v^2}{c^2}} = t - \frac{v}{c^2}x\left[= \frac{t(u-v)}{u'} \right]$$

Esso rappresenta il tempo affinché, relativamente ad O', l'ipotetico corpo, alla velocità u', percorra il tratto $t(u-v)$.

Notiamo, dunque, che la presenza della posizione di un evento generico, cioè di un evento per cui $x \neq ct$, dà un significato profondamente diverso alla trasformata di Lorentz relativa al tempo.

Se nella trasformata di Lorentz relativa al tempo compare la posizione del raggio luminoso, $x=ct$, allora al tempo $t=\frac{x}{c}$, di O, corrisponde, su O', il tempo $t'\sqrt{1-\frac{v^2}{c^2}}$, con $t'=\frac{x'}{c}=\frac{ct'}{c}$, che è in accordo con il tempo misurato dagli orologi sincronizzati dal raggio luminoso secondo il metodo relativistico ed esso risulta indipendente dalla posizione occupata dall'orologio da cui si rileva il tempo; se, invece, nella trasformata di Lorentz relativa al tempo compare una posizione relativa ad un evento diverso dall'evento luminoso ($x \neq ct$) al tempo $t = \frac{x}{c}$, di O, corrisponde, su O', il tempo $t_1'\sqrt{1-\frac{v^2}{c^2}}$, con $t_1' = \frac{x_1'}{c} = \frac{ct_1'}{c} \neq \frac{ct'}{c}$, che è diverso dal tempo indicato dagli orologi nel caso in cui l'evento sia riferito alla propagazione del raggio luminoso.

La conclusione è che allo stesso tempo $t = \frac{ct}{c}$ di O corrispondono, su O', i due tempi $t'\sqrt{1-\frac{v^2}{c^2}} = t - \frac{v}{c}t$ con $t' = \frac{ct'}{c}$ e $t'_1\sqrt{1-\frac{v^2}{c^2}} = t - \frac{v}{c^2}x$ con $t'_1 = \frac{ct'_1}{c} \neq \frac{ct'}{c}$; il primo relativo al raggio luminoso, il secondo relativo all'evento generico.

I tempi $t_1\sqrt{1-\frac{v^2}{c^2}} = t' + \frac{v}{c^2}x'$ e $t'_1\sqrt{1-\frac{v^2}{c^2}} = t - \frac{v}{c^2}x$, relativi ad un evento generico, si prestano ad una ulteriore interpretazione.

Infatti, nella espressione:

$$t_1\sqrt{1-\frac{v^2}{c^2}} = t' + \frac{v}{c^2}x' = \frac{ct' + \frac{v}{c}u't'}{c} = \frac{ct'}{c} + \frac{\frac{u'}{c}vt'}{c}$$

il termine $\frac{ct'}{c}$ rappresenta il tempo impiegato dalla luce a percorrere il tratto ct' di O', dunque il tempo relativistico di O';

il termine $\frac{v\frac{u'}{c}t'}{c}$ rappresenta il tempo impiegato dalla luce a percorrere il tratto di traslazione $\frac{u'}{c}vt'$. In definitiva si può affermare che il tempo $\frac{t'(u'+v)}{u}$ misurato relativamente alla velocità u equivale al tempo $\frac{ct'+v\frac{u'}{c}t'}{c}$ misurato relativamente alla velocità di propagazione c. Cioè, il tempo impiegato dal corpo per percorrere lo spazio $(u't'+vt')$ alla velocità u è lo stesso di quello che impiegherebbe la luce, alla velocità c, per percorrere lo spazio $(ct'+v\frac{u'}{c}t')$.

Il discorso si può ripetere per l'altra trasformata del tempo:

$$t'_1\sqrt{1-\frac{v^2}{c^2}}=t-\frac{v}{c^2}x=\frac{ct-\frac{v}{c}ut}{c}=\frac{ct}{c}-\frac{\frac{u}{c}tv}{c}$$

Il termine $\frac{ct}{c}$ rappresenta il tempo impiegato dalla luce a percorrere il tratto ct di O, dunque il tempo relativistico di O; il termine $\frac{v\frac{u}{c}t}{c}$ rappresenta il tempo impiegato dalla luce a percorrere il tratto di traslazione $\frac{u}{c}vt$. Possiamo affermare che il tempo $\frac{t(u-v)}{u'}$ misurato relativamente alla velocità u' equivale al tempo $\frac{ct-v\frac{u}{c}t}{c}$ misurato relativamente alla velocità di propagazione c. Cioè, il tempo impiegato dal corpo per percorrere lo spazio $(ut-vt)$ alla velocità u' è lo stesso di quello che impiegherebbe la luce, alla velocità c, per propagarsi lungo il tratto $(ct - v\frac{u}{c}t)$.

Ancora una volta constatiamo che le trasformate di Lorentz, relative al tempo, **simulano** un processo in cui il raggio luminoso risulta essere misuratore del tempo e la sua velocità c di propagazione **appare** invariante per i due osservatori.

Per comprendere queste ultime considerazioni bisogna ricordare che la risoluzione del sistema (nelle incognite t e t') equivale ad imporre che la coppia di valori t e t' sia soluzione per entrambe le equazioni. Questo coinvolge, dal punto di vista fisico, una diversa configurazione dei sistemi, come già visto nel caso della luce, nel senso che essendo $t \neq t'$ segue che $vt \neq vt'$. La diversa configurazione comporta una correzione nella velocità di traslazione e questa si ottiene, nelle trasformate di Lorentz relative a t e t', per mezzo dei fattori $\frac{u}{c}$ e $\frac{u'}{c}$.

Per applicare, dunque, le trasformate di Lorentz all'evento generico (x,t) con $t \neq \frac{x}{c}$ occorre adattare le coordinate dell'evento stesso affinché esse siano ricondotte ad un evento luminoso in modo tale, cioè, che il tempo risulti, formalmente, quello impiegato dalla luce che alla velocità c percorra un opportuno spazio.

Questo è il prezzo da pagare affinché le trasformate di Lorentz siano applicabili ad un evento qualsiasi.

Seconda sincronizzazione

Abbiamo constatato che la presenza della posizione nella trasformata di Lorentz relativa al tempo scuote profondamente la sincronizzazione degli orologi nel senso che i tempi segnati da essi devono tener conto delle velocità u' e u con le quali l'ipotetico corpo viene osservato da O' e da O.

Analizziamo nei dettagli quello che succede dal punto di vista temporale applicando le trasformate di Lorentz ad un evento generico (x', t') rilevato su O'. Il raggio misuratore del tempo all'istante $t' = \dfrac{ct'}{c}$ viene rilevato, da O', nella posizione $x' = ct'$. La sincronizzazione relativistica, per mezzo delle trasformate di Lorentz, pretende che lo stesso raggio, relativamente ad O, venga rilevato nella posizione corrispondente $x = ct\sqrt{1 - \dfrac{v^2}{c^2}}$, all'istante corrispondente $t\sqrt{1 - \dfrac{v^2}{c^2}} = \dfrac{ct' + vt'}{c} = t' + \dfrac{v}{c}t'$, essendo $t = \dfrac{ct}{c}$.

Dunque, nell'istante in cui tutti gli orologi di O' segnano $t' = \dfrac{ct'}{c}$, tutti gli orologi di O segnano $t\sqrt{1 - \dfrac{v^2}{c^2}}$.

Si noti che i tempi segnati dagli orologi, per eventi luminosi ossia quelli per i quali $x = ct$**, non dipendono dalla posizione.**

Sappiamo che all'istante $t' = \dfrac{ct'}{c}$, su O', l'evento viene rilevato nella posizione $x' = u't'$ alla quale corrisponde, su O, la posizione: $x = ut_1\sqrt{1 - \dfrac{v^2}{c^2}}$, con $t_1 = \dfrac{ct_1}{c} \neq \dfrac{ct}{c}$.

In questo caso il tempo di O corrispondente al tempo $t'=\dfrac{ct'}{c}$ di O' ha la seguente espressione:

$$t_1\sqrt{1-\dfrac{v^2}{c^2}} = \dfrac{u't'+vt'}{u} = t'+\dfrac{v}{c^2}x' = \dfrac{ct'+\dfrac{vu'}{c}t'}{c} \neq t'+\dfrac{v}{c}t'$$

Dunque, le trasformate di Lorentz, applicate all'evento luminoso, implicano che al tempo $t'=\dfrac{ct'}{c}$ di O' corrisponda, su O, il tempo $t_1\sqrt{1-\dfrac{v^2}{c^2}}=t'+\dfrac{v}{c}t'$; in termini di posizioni questo vuol dire che l'ascissa del raggio, unica sull'asse comune $x'\equiv x$, viene rilevata da O' in $x'=ct'$ e da O in $x=ct\sqrt{1-\dfrac{v^2}{c^2}}$.

Le trasformate di Lorentz, applicate all'evento non luminoso, implicano che al tempo $t'=\dfrac{ct'}{c}$, di O', corrisponda, su O, il tempo $t_1\sqrt{1-\dfrac{v^2}{c^2}}=t'+\dfrac{v}{c^2}x'\neq t'+\dfrac{v}{c}t'$; in termini di posizioni questo vuol dire che l'ascissa del raggio, unica sull'asse comune $x'\equiv x$, viene rilevata da O' in $x'=ct'$ e da O in $x=ct_1\sqrt{1-\dfrac{v^2}{c^2}}$. E' stato già chiarito che la presenza della posizione nella espressione del tempo $t_1\sqrt{1-\dfrac{v^2}{c^2}}=t'+\dfrac{v}{c^2}x'$ simula una modifica del tratto di traslazione in modo tale che lo spazio $ct'+\dfrac{v}{c}x'=ct'+\dfrac{u'}{c}vt'$ sia percorso dal raggio alla velocità c, relativamente ad O, nel tempo $t_1\sqrt{1-\dfrac{v^2}{c^2}}$.

In definitiva dalle considerazioni esposte emerge che all'unico tempo $t' = \frac{ct'}{c}$ di O' devono corrispondere, su O, due tempi distinti $t\sqrt{1-\frac{v^2}{c^2}} = t' + \frac{v}{c}t'$, $t_1\sqrt{1-\frac{v^2}{c^2}} = t' + \frac{v}{c^2}x'$ e che, in termini di posizioni, all'unica ascissa del raggio $x' = ct'$, su O', devono corrispondere, su O, le due ascisse distinte $x = ct\sqrt{1-\frac{v^2}{c^2}}$ e $x = ct_1\sqrt{1-\frac{v^2}{c^2}}$.

Le trasformate di Lorentz implicano, dunque, che la presenza fisica del raggio, su O', nella posizione $x' = ct'$ generi la presenza fisica dello stesso raggio in due posizioni distinte su O.

A questo punto abbiamo due alternative:

a) su O, il raggio può occupare due posizioni distinte entrambe corrispondenti della stessa e unica posizione $x' = ct'$ su O'. Assurdo. Il raggio, essendo unico, può occupare una e una sola posizione sull'asse comune che sarà individuata in una e una sola ascissa su O' e una e una sola ascissa su O.

b) Su O e O', la sincronizzazione degli orologi è diversa a seconda se l'evento riguarda il raggio luminoso oppure riguarda un evento non luminoso.

Essendo la prima ipotesi assurda non ci resta che ammettere l'esistenza di due sincronizzazioni. Una da adottare per eventi luminosi l'altra da adottare per eventi non luminosi.

Le trasformate di Lorentz risultano essere un intruglio di artifici matematici il cui unico fine è quello di simulare una conferma del principio di invarianza che conduce ad interpretazioni prive di significativo senso fisico.

Gli eventi e la seconda sincronizzazione

Applichiamo ad un caso concreto le considerazioni sopra riportate.

Al tempo $t_1' = 2 \cdot 10^{-6} s$ il raggio luminoso misuratore del tempo, emesso dalle origini comuni a $t = t' = 0$, raggiunge, su O', la posizione $x_1' = ct_1'$; nello stesso istante un evento generico accade nella posizione $x_2' = 100 m$.

Determiniamo, su O, per mezzo delle trasformate di Lorentz, le coordinate del raggio misuratore del tempo (evento luminoso) e dell'evento generico, ipotizzando che la velocità di traslazione di O', lungo l'asse x e relativamente ad O, sia $v = 0{,}92c$.

Secondo le trasformate di Lorentz, per l'evento luminoso, su O, abbiamo:

$$x(x_1') = ct_1 \sqrt{1 - \frac{v^2}{c^2}} = ct_1' + vt_1' = 3 \cdot 10^8 \cdot 2 \cdot 10^{-6} + 0{,}92 \cdot 3 \cdot 10^8 \cdot 2 \cdot 10^{-6} = 1152 m$$

$$t(x(x_1')) = t_1 \sqrt{1 - \frac{v^2}{c^2}} = t_1' + \frac{v}{c} t_1' = 2 \cdot 10^{-6} + 0{,}92 \cdot 2 \cdot 10^{-6} = 3{,}837 \cdot 10^{-6} = 3{,}84 \cdot 10^{-6} s$$

Avendo indicato, in generale, con $t(x)$ l'istante in cui l'evento accade nella posizione x e con $x(x')$ la posizione x, su O, corrispondente alla posizione x' di O', essendo, nel nostro caso, $t_1 = \frac{ct_1}{c}$.

Secondo le trasformate di Lorentz, per l'evento generico, su O, abbiamo:

$$x(x_2') = x_2 \sqrt{1 - \frac{v^2}{c^2}} = x_2' + vt_1' = 100 + 0{,}92 \cdot 3 \cdot 10^8 \cdot 2 \cdot 10^{-6} = 651{,}99 m = 652 m$$

$$t(x(x_2')) = t_2\sqrt{1-\frac{v^2}{c^2}} = t_1' + \frac{v}{c^2}x_2' = 2\cdot 10^{-6} + \frac{0,92}{3\cdot 10^8}100 = 2,30\cdot 10^{-6}\,s$$

Essendo, nel nostro caso, $x_2 = \dfrac{x_2'+vt_1'}{\sqrt{1-\dfrac{v^2}{c^2}}}$, $t_2 = \dfrac{t_1'+\dfrac{v}{c^2}x_2'}{\sqrt{1-\dfrac{v^2}{c^2}}}$.

Interpretiamo i risultati delle trasformate.

Su O' i due eventi, "il raggio misuratore del tempo raggiunge la posizione $x_1'=ct_1'=6\cdot 10^2\,m$" e "l'evento generico accade nella posizione $x_2'=100\,m$", sono simultanei avvenendo allo stesso istante $t_1'=2\cdot 10^{-6}\,s$.

Su O i due eventi non risultano simultanei. Infatti, è stato calcolato sopra che, su O, i due eventi accadono, rispettivamente, nei due istanti $t(x(x_1'))=3,84\cdot 10^{-6}\,s$ e $t(x(x_2'))=2,30\cdot 10^{-6}\,s$.

Dunque da un esame superficiale risulta semplicemente che due eventi simultanei su O' non sono simultanei su O. Questo, per un relativista, è una conferma della relatività del tempo.

Eseguiamo una analisi più approfondita.

Il raggio luminoso, emesso dalle origini comuni a $t=t'=0$, scandisce i tempi per entrambi gli osservatori O e O'. Esso, in ogni istante, occupa, sull'asse comune $x'\equiv x$, una posizione unica (data l'unicità del raggio) che viene rilevata con ascisse diverse sui due sistemi. Su O', nella posizione $x_1'=ct_1'=6\cdot 10^2\,m$, il raggio scandisce il tempo $t_1'=\dfrac{ct'}{c}=\dfrac{6\cdot 10^2}{3\cdot 10^8}=2\cdot 10^{-6}\,s$; questa stessa posizione (unica sull'asse comune $x'\equiv x$) viene rilevata, su O, nella posizione di ascissa $x(x_1')=ct_1\sqrt{1-\dfrac{v^2}{c^2}}=1152m$, dalla quale si rileva il tempo $t(x(x_1'))=3,84\cdot 10^{-6}s$.

L'evento generico accade, su O', nella posizione $x_2'=100m$ al tempo $t_1'=2\cdot 10^{-6}s$, questo implica che il raggio luminoso, sempre su O', in questo stesso istante occupi la posizione $x_1'=ct_1'=6\cdot 10^2 m$ in accordo con la simultaneità dei due eventi.

Su O l'evento generico viene rilevato nella posizione $x(x_2')=652m$ al tempo $t(x(x_2'))=2,30\cdot 10^{-6}s$, questo implica che il raggio luminoso, sempre su O e nello stesso istante, occupi la posizione $x_3=3\cdot 10^8\cdot 2,30\cdot 10^{-6}=6,90\cdot 10^2 m$.

Ricapitoliamo. Il raggio luminoso si propaga lungo l'asse comune $x'\equiv x$ scandendo il tempo per entrambi i sistemi secondo una determinata corrispondenza biunivoca, nel senso che ad ogni posizione, sull'asse comune, corrisponde, su ciascun sistema, uno e un solo tempo e viceversa, ossia, ogni coppia, t e t', di tempi corrispondenti individua, sull'asse comune, una e una sola posizione del raggio luminoso. Nell'istante in cui accade l'evento generico il raggio luminoso si trova nella posizione unica dell'asse comune $x'\equiv x$ che viene rilevata in $x_1'=ct_1'=6\cdot 10^2 m$, su O', e, secondo le trasformate di Lorentz, in $x(x_1')=1152m$ su O.

Su O, i tempi dei due eventi, $t(x(x_1'))=3,84\cdot 10^{-6}s$ e $t(x(x_2'))=2,30\cdot 10^{-6}s$, implicano due posizioni diverse per il raggio luminoso misuratore del tempo: $x(x_1')=1152m$, $x_3=ct(x(x_2'))=6,90\cdot 10^2 m$. I due tempi sono entrambi corrispondenti dell'unico tempo $t_1'=2\cdot 10^{-6}s$ di O' che implica, su O', l'unica posizione $x_1'=ct_1'=6\cdot 10^2 m$ occupata dal raggio su O'; ma il raggio è unico quindi ad un'unica posizione su O' deve corrispondere, sull'asse comune $x' \equiv x$ e dunque su O, un'unica posizione.

Questa conclusione ci induce ad affermare che le trasformate di Lorentz implicano risultati non compatibili con la fisica degli eventi.

Dunque, in generale, su O', all'istante t', il raggio luminoso misuratore del tempo si trova nella posizione x'=ct'; applicando le trasformate di Lorentz otteniamo il tempo corrispondente su O:

$$t\sqrt{1-\frac{v^2}{c^2}} = t' + \frac{v}{c^2}x' = t' + \frac{v}{c^2}ct' = t' + \frac{v}{c}t'$$

Dalla formula si legge che all'istante t', in cui qualunque orologio di O' (a conseguenza della sincronizzazione) segna il tempo t', corrisponde, su O, il tempo $t\sqrt{1-\frac{v^2}{c^2}}$, apprendendo che, sempre su O, il calcolo del tempo è indipendente dalla posizione dell'orologio di O' dal quale si rileva la lettura.

La stessa cosa non accade per un evento generico per il quale il tempo corrispondente, calcolato da O, è:

$$t\sqrt{1-\frac{v^2}{c^2}} = t' + \frac{v}{c^2}x'$$

Dalla formula si legge che il tempo, calcolato da O, dipende dalla posizione dell'orologio di O' dal quale si rileva la misura. Questo è l'effetto della seconda sincronizzazione il cui significato è stato discusso ampiamente.

Sullo spazio di Minkowski

Rappresentiamo, nello spazio di Minkowski, alcuni eventi già discussi analiticamente per mezzo delle trasformate di Lorentz.

Cominciamo con il ricordare che le trasformate di Lorentz sono le relazioni che legano le coordinate di uno stesso evento rilevato da due osservatori in moto uniforme relativo. Se le coordinate di un evento rilevate dall'osservatore O sono $(x, y, z, t,)$ le coordinate dello stesso evento rilevate dall'osservatore O', in moto uniforme rispetto ad O, sono $(x', y', z', t',)$; il passaggio dalle une alle altre si ottiene tramite le trasformate di Lorentz:

$$x = \frac{x'+vt'}{\sqrt{1-\frac{v^2}{c^2}}} \qquad t = \frac{t'+\frac{v}{c^2}x'}{\sqrt{1-\frac{v^2}{c^2}}}$$

$$x' = \frac{x-vt}{\sqrt{1-\frac{v^2}{c^2}}} \qquad t' = \frac{t-\frac{v}{c^2}x}{\sqrt{1-\frac{v^2}{c^2}}}$$

In questo spazio un punto rappresenta un evento ossia il luogo e l'istante di un avvenimento. Rappresentiamo l'osservatore O con un sistema di assi cartesiani ortogonali riportando in ascisse la posizione x e in ordinate il tempo il quale viene espresso in termini di spazio moltiplicando per c ossia ct. Senza ledere il significato dei risultati si suppone che O' trasli uniformemente con x≡x' mantenendo gli assi y' e z' paralleli, rispettivamente, agli assi y e z di O, per questi assi le trasformate sono z=z' e y=y'.

Nel riferimento dell'osservatore O (O,x,y,z,t) rappresentiamo gli assi x' e ct' di un generico riferimento O' che trasla, lungo l'asse x≡x', uniformemente con velocità v rispetto ad O.

In questo riferimento O' l'asse dei tempi ct' ha equazione x' = 0. Applicando le trasformate di Lorentz alla curva di equazione x' = 0, cioè sostituendo in x' la sua espressione in x e t, otteniamo la equazione della stessa curva nel riferimento O:

$$x' = 0 \implies \frac{x - v\frac{c}{c}t}{\sqrt{1 - \frac{v^2}{c^2}}} = \frac{x - \beta ct}{\sqrt{1 - \frac{v^2}{c^2}}} = 0 \implies x = \beta ct$$

In questo riferimento l'equazione $x = ct$ ($\beta = 1$) individua la bisettrice del I e del III quadrante risultando così la retta i cui punti individuano quegli eventi per i quali l'ascissa è uguale all'ordinata. Questi eventi si succedono con una rapidità pari alla velocità c per cui possono riferirsi a quelli relativi alla propagazione di un fronte luminoso che emesso dall'origine al tempo t=0 si propaga con velocità c descrivendo una superficie sferica di raggio ct.

Le rette di equazione $x = \beta ct$ avranno coefficiente angolare, relativamente all'asse ct, $\beta < 1$ essendo $\beta = \frac{v}{c} < 1$ per $\forall v < c$; quindi tali rette formano, con il semiasse positivo ct, angoli $\alpha < 45°$. I punti di queste rette individuano eventi che accadono nella stessa posizione (origine di O') in tempi diversi.

Allo stesso modo l'asse delle ascisse x' di O' ha equazione ct'=0 che, con l'utilizzo delle trasformate di Lorentz, sul riferimento O ha equazione:

$$ct' = 0 \quad \Rightarrow \quad \frac{ct - \frac{v}{c}x}{\sqrt{1 - \frac{v^2}{c^2}}} = 0 \quad \Rightarrow \quad ct = \beta x$$

La retta $ct = \beta x$ ha coefficiente angolare $\beta = \frac{v}{c} < 1$, cioè con il semiasse positivo delle ascisse x forma un angolo $\alpha < 45°$. Rette di questo tipo sono quelle i cui punti sono i luoghi degli eventi che accadono allo stesso istante, cioè eventi simultanei, localizzati in punti diversi della stessa retta.

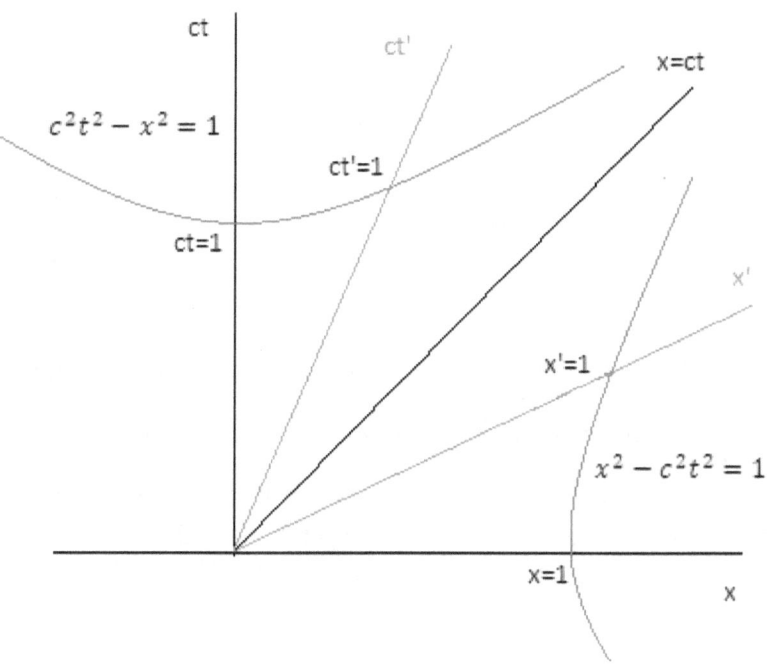

Le iperboli equilatere servono per la calibrazione in quanto i punti di intersezione fra le iperboli e gli assi danno la unità di misura su quell'asse. Questo si può verificare facendo sistema fra iperbole ed asse, sostituendo le coordinate trovate nelle trasformate e trovando così le coordinate corrispondenti sull'altro riferimento.

$$\begin{cases} x^2 - c^2 t^2 = 1 \\ ct = \beta x \end{cases} \Rightarrow \begin{cases} x = \dfrac{1}{\sqrt{1 - \dfrac{v^2}{c^2}}} \\ ct = \dfrac{\beta}{\sqrt{1 - \dfrac{v^2}{c^2}}} \end{cases}$$

Sostituendo queste coordinate nelle espressioni delle trasformate di x' e di t' otteniamo:

$$x' = 1 \quad ct' = 0$$

Che rappresentano le coordinate rilevate da O' per lo stesso evento. Analogamente l'intersezione dell'altra iperbole con l'asse ct' dà:

$$x' = 0 \quad ct' = 1$$

Le due bisettrici individuano la sezione piana di un cono indefinito, avente l'asse coincidente con l'asse dei tempi ct di O; le due bisettrici individuano quattro zone del piano x, ct. La bisettrice x = ct divide il primo quadrante in due sezioni; un punto della sezione superiore avrà coordinate (x, ct) per le quali, in qualsiasi riferimento, sarà: x<ct; tale evento apparterrà sempre all'asse ct' di un opportuno riferimento che trasla relativamente ad O con una opportuna velocità v. Qualunque punto su quest'asse ct' avrà coordinate del tipo (0,ct') ossia esso

rappresenta un qualunque evento che accade nell'origine, di O', al tempo t'. I punti dell'asse ct' individuano, dunque, una sequenza di eventi, tutti accaduti nell'origine, che si susseguono temporalmente.

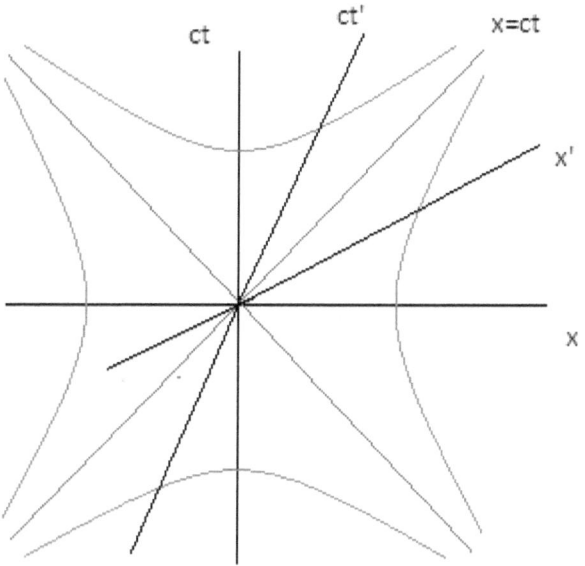

Qualunque punto del tipo (0,ct'), del primo o del secondo quadrante, rappresenta un evento che accade dopo l'evento (0,0). In questo senso questa parte di piano (sezione superiore del cono) viene chiamata futuro assoluto. Un punto del tipo (0,ct') del terzo o del quarto quadrante rappresenta un evento che accade nell'origine prima dell'evento (0,0) relativamente allo stesso orologio. Dunque qualunque punto (0,ct') del terzo o quarto quadrante rappresenta un evento che accade prima dell'evento (0,0). In questo senso questa parte di piano viene chiamata passato assoluto. Da evidenziare che l'ordine temporale descritto stabilisce una relazione fra l'istante t' in cui avviene, nell'origine, un qualunque evento e l'evento (0,0) che avviene nell'origine al tempo t'=0; tuttavia gli eventi del tipo (0,ct') potranno essere invertiti, relativamente alla posizione x=0, nel senso che potranno essere rilevati, da opportuni riferimenti, come (x" > 0, ct") oppure (x" < 0, ct").

Rappresentiamo nel piano di Minkowski due generici eventi E1 ed E2:

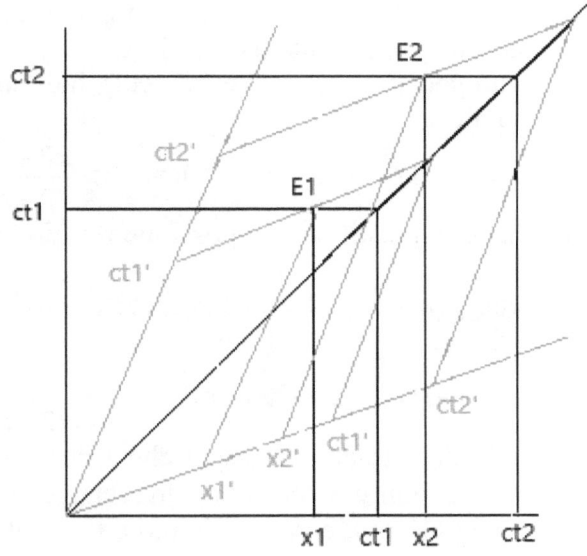

Consideriamo la parte di piano del primo quadrante delimitata dalla bisettrice x=ct e dall'asse x di O; in questa parte di piano giacciono gli assi x' appartenenti a quei riferimenti in moto uniforme relativo rispetto ad O. Qualunque punto di questa parte di piano avrà coordinate (x, ct) tali che, in qualsiasi riferimento, ct < x; un tale punto starà sull'asse x' di un opportuno riferimento fra quelli in moto relativo uniforme rispetto ad O. In questo riferimento le coordinate di un tale evento saranno del tipo (x',0), cioè i punti di tale asse saranno relativi alla totalità di eventi che accadono simultaneamente al tempo t'=0 in posizioni diverse, inoltre, in questo opportuno riferimento, l'evento (x',0) risulterà simultaneo all'evento (0,0). Questa parte di piano viene indicata con presente. In qualsiasi altro riferimento l'evento (x', 0), che su O' accade al tempo t'=0, potrà essere rilevato sia prima dell'istante 0 sia dopo l'istante 0. Questo vuol dire che per questi eventi non esiste un ordine temporale assoluto. Tuttavia, sarà mantenuto l'ordine spaziale rispetto alla posizione origine, dunque un ordine spaziale assoluto (non dipendente dal riferimento).

Due eventi generici, (x1,ct1) e (x2, ct2), individuano un intervallo temporale se:

$$c^2(t2-t1)^2 - (x2-x1)^2 > 0 \implies c > \frac{x2-x1}{t2-t1}$$

Tale relazione giustifica una possibile relazione causale fra i due eventi.

Due eventi generici, (x1,ct1) e (x2, ct2), individuano un intervallo spaziale se:

$$c^2(t2-t1)^2 - (x2-x1)^2 < 0 \implies c < \frac{x2-x1}{t2-t1}$$

Da quest'ultima relazione segue che i due eventi, nel contesto relativistico, non possono avere una relazione causale.

In generale (x1', ct'), con x1' fissato e t' variabile, è un punto evento sulla retta x' = x1' di un opportuno riferimento in moto uniforme, ossia rappresenta un qualunque evento nella posizione x1' al tempo generico t'; dunque, i due eventi (x1', t1') e (x1', t2') sono accaduti nella stessa posizione x1' nei rispettivi istanti t1' e t2' riferiti allo stesso orologio e dunque (t2'-t1') è un tempo proprio oltre ad essere un intervallo temporale. Così, l'evento (x', t1'), con t1' fissato e x' generico, è un punto evento, sulla retta ct'=ct1', che accade all'istante t1' nella posizione generica dell'asse x' di un generico sistema in moto uniforme e, dunque, i due eventi (x1', t1') e (x2', t1'), sono individuati allo stesso istante t1' nelle due posizioni x1' e x2' dell'asse x'; dunque rappresentano, nel dato sistema, eventi simultanei che accadono in posizioni diverse individuando un intervallo spaziale.

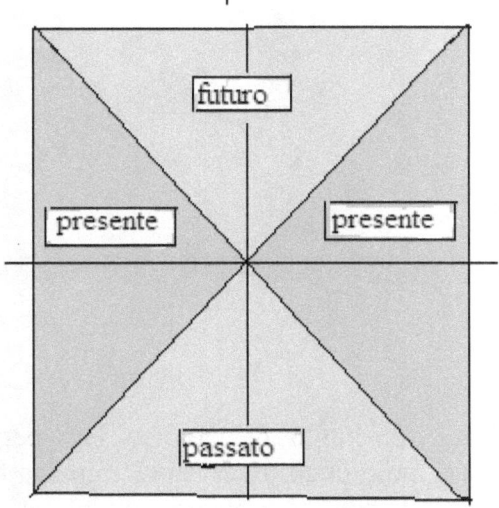

Si rileva che gli intervalli $ds_T^2 = (ct)^2 - x^2$ temporale e $ds_{SP}^2 = x^2 - (ct)^2$ spaziale risultano invarianti per trasformazioni di Lorentz. La prima può essere vista come conseguenza della definizione del tempo proprio.

Siano O e O″ due osservatori in moto uniforme rispetto all'osservatore in quiete O′. Una sorgente luminosa, solidale ad O′, emette un raggio verticale HC dalla origine comune H all'istante comune t=t′=t″=0. L'osservatore O rileva il raggio lungo il percorso obliquo AC mentre rileva l'osservatore O′ in moto con velocità v; l'osservatore O″ rileva il raggio lungo il percorso obliquo BC mentre rileva l'osservatore O′ in moto con velocità v″<v.

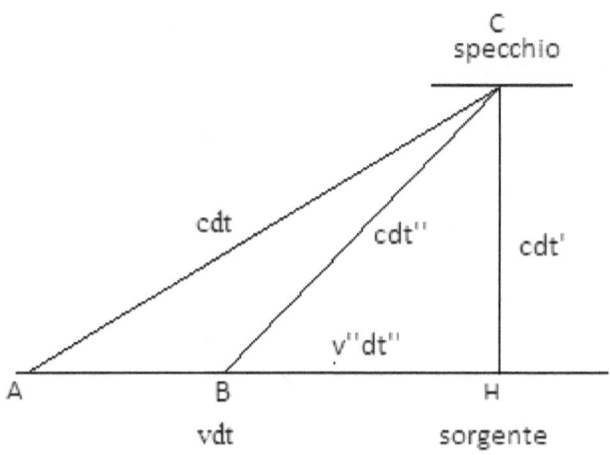

Il raggio, lungo il percorso HC perpendicolare alla direzione del moto degli osservatori, impiega tempi diversi per i tre osservatori: per l'osservatore solidale al sistema in quiete O' la velocità della luce è c dunque lungo il percorso h = HC il tempo (proprio per O') è: $t' = \dfrac{h}{c}$; per l'osservatore O il tempo è $t = \dfrac{h}{\sqrt{c^2 - v^2}}$, essendo $\sqrt{c^2 - v^2}$ la velocità del raggio rilevata da O lungo HC, dunque $t = \dfrac{h}{c\sqrt{1 - \dfrac{v^2}{c^2}}} = \dfrac{t'}{\sqrt{1 - \dfrac{v^2}{c^2}}}$, ricordando che t' è il tempo proprio per l'osservatore O'. Per l'osservatore O'' il tempo è $t'' = \dfrac{h}{\sqrt{c^2 - v''^2}}$, essendo $\sqrt{c^2 - v''^2}$ la velocità del raggio rilevata da O'' lungo HC, dunque $\quad t'' = \dfrac{h}{c\sqrt{1-\dfrac{v''^2}{c^2}}} = \dfrac{t'}{\sqrt{1-\dfrac{v''^2}{c^2}}}$, ricordando che t' è il tempo proprio per l'osservatore O'.

Possiamo concludere che:

$$t''\sqrt{1-\frac{v''^2}{c^2}} = t' = t\sqrt{1-\frac{v^2}{c^2}} \implies (ct'')^2 - (x'')^2 = (ct)^2 - x^2$$

In queste espressioni si è assunto H origine di O' cosicché x e x'' rappresentano le posizioni di H relativamente ad O e ad O'' nei rispettivi istanti t e t''. Dalla invarianza degli intervalli segue che se due eventi risultano in relazione causale per un osservatore essi saranno nella stessa relazione per qualsiasi altro osservatore.

Evento luminoso nello spazio di Minkowski

Analizziamo l'evento luminoso rilevato da due osservatori O e O' in moto relativo uniforme.

All'istante t=t'=0 un raggio di luce viene emesso dall'origine comune propagandosi lungo l'asse x≡x', esso viene osservato da O' con velocità c e, su O', all'istante t' raggiunge la posizione x'=ct'. Nello stesso tempo la traslazione dell'origine di O è stata, per O', -vt'. L'osservatore O rileverà sull'asse comune delle ascisse lo stesso raggio nella posizione x=ct'+vt'.

Ripetiamo la stessa esperienza invertendo i ruoli dei due osservatori.

All'istante t=t'=0 un raggio di luce viene emesso dall'origine comune propagandosi lungo l'asse x≡x', esso viene osservato da O con velocità c e, su O, all'istante t raggiunge la posizione x=ct. Nello stesso tempo la traslazione dell'origine di O' è stata, per O, vt. L'osservatore O' rileverà sull'asse comune delle ascisse lo stesso raggio nella posizione x'=ct-vt.

Le due esperienze interpretate classicamente conducono alle seguenti conclusioni.

Nella prima esperienza, O' rileva il raggio nella posizione x'=ct' al tempo t', l'osservatore O rileverà lo stesso raggio nella stessa posizione "assoluta", coincidente con l'unica posizione sull'asse comune x≡x', di ascissa x=ct'+vt'=(c+v)t', cioè allo stesso istante ma rilevando la velocità della luce con c'=c+v.

Nella seconda esperienza, O rileva il raggio nella posizione x = ct al tempo t, l'osservatore O' rileverà lo stesso raggio nella stessa posizione "assoluta", coincidente con l'unica posizione sull'asse comune x≡x', di ascissa x'=ct-vt=

(c-v)t, cioè allo stesso istante ma rilevando la velocità della luce con c″=c-v.

In ciascuna esperienza i rispettivi tempi t e t′ sono gli stessi per entrambi gli osservatori. Nella prima il tempo è t′, infatti: x′=ct′ per O′ e x=ct′+vt′=(c+v)t′ per O; nella seconda il tempo è t, infatti: x= ct per O e x′=ct-vt=(c-v)t per O′.

Ripetiamo le due esperienze con la richiesta relativistica che entrambi gli osservatori, in ciascuna esperienza, rilevino il raggio con la stessa velocità c. Eseguendo, separatamente, le due esperienze alla richiesta è possibile dare una risposta (è stato visto) modificando le relative equazioni:

$$ct'+vt'=x=c\left[\frac{(c+v)t'}{c}\right]=ct$$

$$ct-vt=x'_1=c\left[\frac{(c-v)t}{c}\right]=ct'_1$$

Dunque, affinché la richiesta venisse esaudita è stato necessario modificare, in ciascuna esperienza, il ritmo di uno degli orologi; si noti inoltre che le coppie dei tempi non sono le stesse (a causa di una diversa traslazione relativa dei due sistemi), nella prima la coppia è (t,t'), nella seconda è (t, t'_1).

Se adesso imponiamo che la coppia (t, t′) sia soluzione di entrambe le equazioni la nostra richiesta si traduce nella risoluzione del sistema composto dalle due equazioni:

$$\begin{cases} ct'+vt'=ct \\ ct-vt=ct' \end{cases}$$

La risoluzione di questo sistema è stata ampiamente discussa e si è visto che affinché ci siano soluzioni, diverse da quella banale, lo stesso sistema deve così riscriversi:

$$\begin{cases} ct'+vt'=t\sqrt{c^2-v^2} \\ ct-vt=t'\sqrt{c^2-v^2} \end{cases} \Rightarrow \begin{cases} ct'+vt'=ct\sqrt{1-\dfrac{v^2}{c^2}} \\ ct-vt=ct'\sqrt{1-\dfrac{v^2}{c^2}} \end{cases}$$

Le due equazioni descrivono due configurazioni fisiche relative a due contesti diversi e alternativi. La prima equazione $ct'+vt'=ct\sqrt{1-\dfrac{v^2}{c^2}}$ così recita: su O' il raggio al tempo t' raggiunge la posizione x'=ct', lo stesso unico evento viene rilevato, nella stessa unica posizione "assoluta" dell'asse comune x≡x' che su O ha ascissa $x=ct\sqrt{1-\dfrac{v^2}{c^2}}$, al tempo $t_1=t\sqrt{1-\dfrac{v^2}{c^2}}$ con $t=\dfrac{ct}{c}$.

La configurazione può così essere visualizzata:

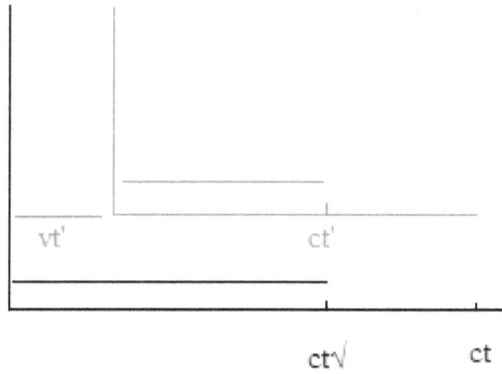

La rappresentazione nello spazio di Minkowski risulta la seguente:

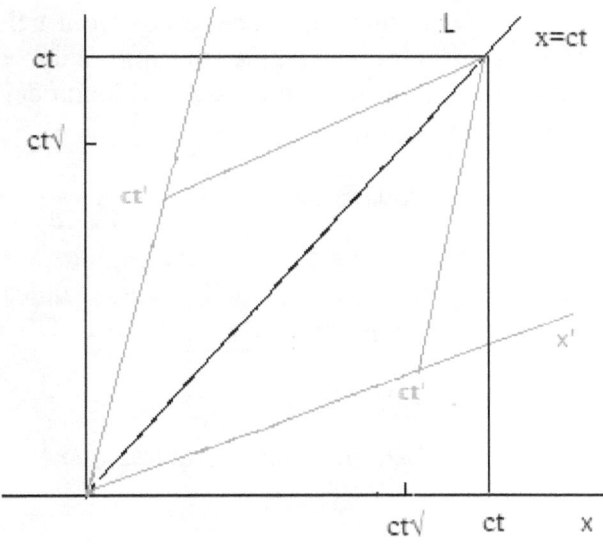

Si rileva che la rappresentazione geometrica degli eventi, nello spazio di Minkowski, non è in accordo con le coordinate degli eventi fisici. Infatti, le coordinate geometriche impongono la corrispondenza dettata dalle trasformate di Lorentz:

$$x = ct = \frac{ct'+vt'}{\sqrt{1-\frac{v^2}{c^2}}} \qquad t = \frac{t'+\frac{v}{c}t'}{\sqrt{1-\frac{v^2}{c^2}}}$$

mentre le posizioni fisiche richiedono le trasformate di Lorentz modificate:

$$ct\sqrt{1-\frac{v^2}{c^2}} = ct'+vt' \qquad t\sqrt{1-\frac{v^2}{c^2}} = t'+\frac{v}{c}t'$$

Tutto ciò fa concludere che le posizioni nello spazio di Minkoswki sono rappresentative di una realtà matematica, dettata dal postulato di invarianza della velocità della luce, che non corrisponde a quella fisica.

La seconda equazione $ct - vt = ct'\sqrt{1-\dfrac{v^2}{c^2}}$ così recita: su O il raggio al tempo t raggiunge la posizione x=ct, lo stesso unico evento viene rilevato, nella stessa unica posizione assoluta dell'asse comune x≡x' che su O' ha ascissa $x' = ct'\sqrt{1-\dfrac{v^2}{c^2}}$, al tempo $t'_1 = t'\sqrt{1-\dfrac{v^2}{c^2}}$ con $t' = \dfrac{ct'}{c}$.

La visualizzazione della configurazione è:

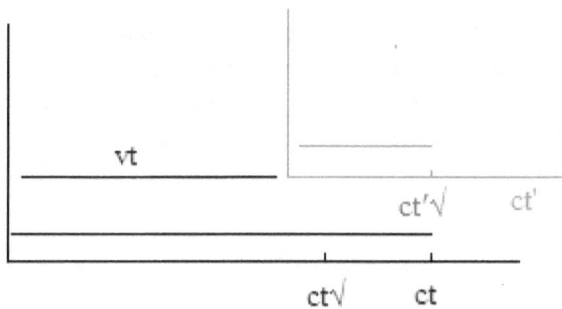

Mentre nello spazio di Minkowski la rappresentazione è la seguente:

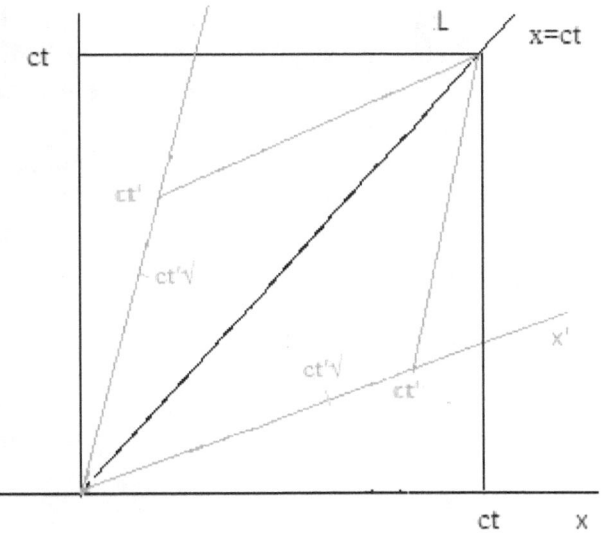

Dunque, le trasformate di Lorentz sono ottenute affinché soddisfino, apparentemente, alla imposizione del principio di invarianza secondo il quale la luce si propaga con velocità c per tutti gli osservatori in moto relativo uniforme. E' bene, dunque, ricordare che alle configurazioni fisiche, scaturite dalle trasformate di Lorentz, ci si deve riferire nel rispetto di tali imposizioni, cioè le configurazioni assunte sono imposte da esigenze matematiche, necessarie affinché il sistema abbia per soluzioni le coppie (t,t').

Le trasformate di Lorentz modificate, per il tempo misurato dal raggio, sono:

$$\begin{cases} t\sqrt{1-\dfrac{v^2}{c^2}} = t'+\dfrac{vx'}{c^2} = t'+\dfrac{vct'}{c^2} = t'+\dfrac{v}{c}t' \\ t'\sqrt{1-\dfrac{v^2}{c^2}} = t-\dfrac{vx}{c^2} = t-\dfrac{vct}{c^2} = t-\dfrac{v}{c}t \end{cases}$$

Esse evidenziano, come più volte già sottolineato, che il tempo, individuato dal raggio luminoso, non dipende dalla posizione in cui si trova l'orologio, cosa che invece accade per un evento generico.

Il grafico seguente riproduce insieme le due diverse configurazioni per i due osservatori O e O':

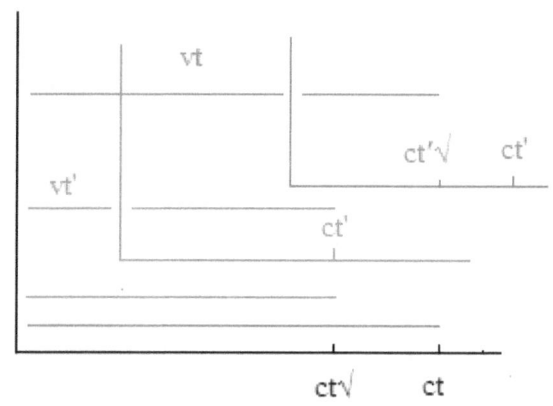

I risultati sono logicamente coerenti. Ad esempio consideriamo la trasformata $t'+\frac{v}{c}t'=t\sqrt{1-\frac{v^2}{c^2}}$, essa ci dice che il tempo $t\sqrt{1-\frac{v^2}{c^2}}$ di O, corrispondente del tempo t' di O', è lo stesso tempo t' di O' aumentato di un tempo $\frac{v}{c}t'$ che è quello impiegato dallo stesso raggio, per propagarsi lungo il tratto di traslazione vt' realizzato, da O' rispetto ad O, durante il tempo t'.

Evento generico nello spazio di Minkowski

L'evento generico A, su O', sia $(x'_A, t'_A = t')$. Le coordinate (x_A, t_A) dello stesso evento A, su O, si determinano per mezzo delle trasformate di Lorentz che rappresentano le trasformate geometriche nel passaggio dalle coordinate di O' a quelle di O e viceversa. Per questo evento A le trasformate di Lorentz per le posizioni sono:

$$\begin{cases} x_A = \dfrac{x'_A + vt'}{\sqrt{1 - \dfrac{v^2}{c^2}}} \\ x'_A = \dfrac{x_A - vt_A}{\sqrt{1 - \dfrac{v^2}{c^2}}} \end{cases}$$

Che per lo stesso evento A conducono alle seguenti trasformate temporali:

$$\begin{cases} t_A = \dfrac{t' + \dfrac{v}{c^2} x'_A}{\sqrt{1 - \dfrac{v^2}{c^2}}} \\ t' = \dfrac{t_A - \dfrac{v}{c^2} x_A}{\sqrt{1 - \dfrac{v^2}{c^2}}} \end{cases}$$

Queste, per quanto dedotto nella precedente analisi, sono le coordinate matematiche dell'evento ossia quelle coordinate che individuano lo stesso evento nello spazio di Minkowski. Tuttavia abbiamo rilevato e sottolineato che queste coordinate non risultano tali nella realtà fisica. Infatti, la configurazione fisica reale ammette come coordinate corrispondenti quelle ottenute dalle trasformate di Lorentz modificate, ossia:

$$\begin{cases} x'_A + vt' = x_A \sqrt{1 - \frac{v^2}{c^2}} \\ x_A - vt_A = x'_A \sqrt{1 - \frac{v^2}{c^2}} \end{cases} \qquad \begin{cases} t' + \frac{v}{c^2} x'_A = t_A \sqrt{1 - \frac{v^2}{c^2}} \\ t_A - \frac{v}{c^2} x_A = t' \sqrt{1 - \frac{v^2}{c^2}} \end{cases}$$

Dunque, su O, le coordinate fisiche dell'evento A sono:

$$(x_A \sqrt{1 - \frac{v^2}{c^2}}, t_A \sqrt{1 - \frac{v^2}{c^2}})$$

Esse sono le coordinate (fisiche) di A, su O, corrispondenti delle coordinate (x'_A, t') su O'.

La rappresentazione geometrica nello spazio di Minkowski rende intuitivo il concetto di simultaneità. In questo spazio, su un dato sistema di riferimento, risultano simultanei gli eventi che giacciono entrambi su una data retta parallela all'asse delle ascisse; similmente due eventi occupano la stessa posizione se giacciono entrambi su una data retta parallela all'asse dei tempi. In questo contesto, per un dato osservatore, risultano simultanei due eventi che hanno la stessa ordinata temporale. Ricordiamo, altresì, che nello spazio di Minkowski l'ordinata temporale viene riportata sul rispettivo asse moltiplicandola per c. Quindi l'evento generico (x, t) sugli assi sarà riportato come (x, ct). Rappresentiamo nello spazio di Minkowski l'evento A:

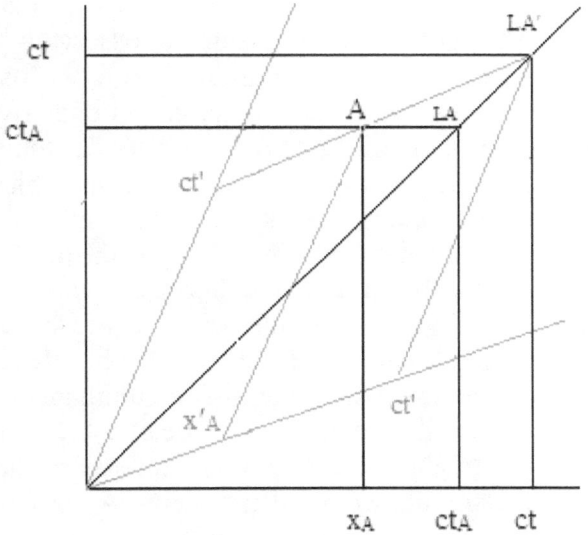

Nel grafico sono rappresentati gli eventi luminosi LA ed LA' essi sono individuati dagli istanti e dalle posizioni di un raggio di luce emesso dalle origini comuni all'istante $t = t' = 0$.

Per quanto detto sopra, dal grafico si evince che, su O', l'evento A di coordinate (x'_A, t') è simultaneo all'evento luminoso LA' di coordinate $(x' = ct', t')$; su O, lo stesso evento A, viene rilevato con le coordinate (x_A, t_A), esso risulta simultaneo all'evento luminoso LA di coordinate (ct_A, t_A). Dunque, su O', l'evento A, essendo simultaneo all'evento luminoso LA', accade, nella posizione x'_A, nello stesso istante $t'_A = t'_{LA'} = t'$ in cui il raggio luminoso, emesso dall'origine a $t=t'=0$ con velocità di propagazione c, raggiunge la posizione $x'=ct'$. Su O la configurazione è diversa. L'evento A, su O, accade nella posizione x_A al tempo t_A, cioè, su O, l'evento A accade nello stesso istante in cui il raggio, emesso dall'origine al tempo $t=t'=0$ con velocità di propagazione c, raggiunge la posizione ct_A. La contraddizione è evidente. Il raggio, misuratore del tempo, è unico e quando esso crea l'evento luminoso LA', questo unico evento è osservato (rilevato) simultaneamente da entrambi gli osservatori, indipendentemente dalla misura dei tempi dei rispettivi orologi. Cioè, un conto è la uguaglianza delle misure dei tempi, altro è la simultaneità dell'atto di osservare lo stesso, unico evento. Due eventi sono simultanei se risultano indistinguibili secondo il concetto primitivo del prima e del dopo. In questo senso la simultaneità è una forma di uguaglianza e crea una classe di equivalenza: ogni evento è simultaneo a se stesso; se l'evento A è simultaneo all'evento B ne segue che l'evento B è simultaneo all'evento A; se l'evento A è simultaneo all'evento B e B è simultaneo all'evento C ne segue che A è simultaneo a C. Per tutto questo la ragione ci porta ad affermare che l'evento luminoso LA' è simultaneo al nostro evento A per entrambi gli osservatori. Dunque dovremmo concludere che l'evento A, simultaneo (in quanto unico) per i due osservatori, sarà rilevato al tempo t' dall'osservatore O', mentre sarà rilevato al tempo t, corrispondente del tempo t' di O', dall'osservatore O. Tuttavia, dalle trasformate di Lorentz e dalla rappresentazione nello spazio di Minkowski, constatiamo che, su O, l'evento A accade al tempo t_A.

Sebbene la logica, esposta sopra, ci porta a concludere che, per entrambi gli osservatori, l'evento generico A e l'evento luminoso LA' siano simultanei, le trasformate di Lorentz ci dicono che i tempi di accadimento, su O, sono diversi: t_A per il primo, t per il secondo.

L'evento A, su O, accade in due tempi diversi?

Nella fisica classica, dove il tempo è assoluto, due eventi simultanei accadono allo stesso tempo. Affidandoci alle considerazioni logiche riportate sopra dovremmo convenire nell'affermare che in relatività il concetto di simultaneità è indipendente dalla coincidenza dei tempi in cui avvengono gli eventi stessi nel senso che un osservatore può rilevare eventi simultanei in tempi diversi. Nel nostro caso, l'osservatore O' rileva simultanei l'evento generico A e l'evento luminoso LA'; secondo la logica esposta sopra, gli stessi eventi devono risultare simultanei anche per l'osservatore O il quale però li osserva in tempi le cui misure sono diverse.

Per spiegare questa evidente contraddizione dobbiamo tenere presente che siamo noi a dare significato fisico ai risultati delle trasformate di Lorentz mentre queste sono coerenti con le condizioni "matematiche" che si concretizzano con la richiesta di risoluzione del seguente sistema:

$$\begin{cases} x'_A + vt' = x_A \sqrt{1 - \frac{v^2}{c^2}} \\ x_A - vt_A = x'_A \sqrt{1 - \frac{v^2}{c^2}} \end{cases}$$

Questo sistema è stato già commentato e per la risoluzione di esso è stata proposta l'introduzione delle velocità fittizie, u e u', che ci consentissero di dare una più chiara interpretazione dal punto di vista fisico. Il sistema viene così riscritto:

$$\begin{cases} u't' + vt' = ut_A \sqrt{1 - \frac{v^2}{c^2}} \\ ut_A - vt_A = u't' \sqrt{1 - \frac{v^2}{c^2}} \end{cases} \quad \text{con: } x'_A = u't'_A = u't'; \; x_A = ut_A$$

Nella risoluzione di questo sistema viene richiesto che la coppia $\left(t', \dfrac{u't'+vt'}{u\sqrt{1-\dfrac{v^2}{c^2}}} \right)$, soluzione della prima equazione, sia la stessa della soluzione della seconda equazione $\left(\dfrac{ut_A - vt_A}{u'\sqrt{1-\dfrac{v^2}{c^2}}}, t_A \right)$, cioè:

$$t' = \frac{(u-v)t_A}{u'\sqrt{1-\dfrac{v^2}{c^2}}} \qquad t_A = \frac{(u'+v)t'}{u\sqrt{1-\dfrac{v^2}{c^2}}}$$

Ricavando t' dalla seconda e confrontando:

$$\frac{(u-v)t_A}{u'\sqrt{1-\dfrac{v^2}{c^2}}} = \frac{ut_A\sqrt{1-\dfrac{v^2}{c^2}}}{u'+v}$$

Questa equazione dà le condizioni a cui devono soddisfare le velocità fittizie, u e u', affinché il sistema abbia soluzioni diverse da quella banale, esse sono:

$$u' = \frac{u-v}{1-\dfrac{uv}{c^2}} \qquad u = \frac{u'+v}{1+\dfrac{u'v}{c^2}}$$

Utilizzando questi risultati il sistema può essere riscritto in una forma più significativa:

$$\begin{cases} t_A \sqrt{1-\dfrac{v^2}{c^2}} = \dfrac{u't'+vt'}{u} = t' + \dfrac{vu't'}{c^2} = t' + \dfrac{vx'_A}{c^2} \\ t' \sqrt{1-\dfrac{v^2}{c^2}} = \dfrac{ut_A - vt_A}{u'} = t_A - \dfrac{vut_A}{c^2} = t_A - \dfrac{vx_A}{c^2} \end{cases}$$

Per l'evento generico, le nuove forme delle trasformate di Lorentz suggeriscono nuove interpretazioni.

Su O' il corpo (ipotetico) si trova nella posizione $x'_A = u't'$ nell'istante in cui il raggio raggiunge la posizione $x'LA' = ct'LA' = ct'$. Su O, lo stesso raggio, verrà rilevato nella posizione $xLA' = ct\sqrt{}$, corrispondente della posizione $x'LA' = ct'LA' = ct'$ su O', individuando, sempre su O, il tempo $t\sqrt{}$. Il corpo, su O, verrà rilevato nella posizione $x_A\sqrt{} = ut_A\sqrt{}$, corrispondente della posizione $x'_A = u't'$ su O', al tempo $t_A\sqrt{}$. Quale tempo rappresenta $t_A\sqrt{}$? Esso è il tempo dato da $t_A\sqrt{1-\dfrac{v^2}{c^2}} = \dfrac{u't'+vt'}{u}$ e deve corrispondere a quello individuato dal raggio di luce, emesso dall'origine al tempo $t=t'=0$, al quale dunque è richiesto di raggiungere la posizione $ct_A\sqrt{1-\dfrac{v^2}{c^2}} = c\dfrac{vt'+u't'}{u} = c(t' + \dfrac{v}{c^2}x'_A)$) nell'istante $t_A\sqrt{1-\dfrac{v^2}{c^2}}$ in modo che i due eventi, "il corpo raggiunge la posizione $x_A = ut_A\sqrt{}$" e "il raggio raggiunge la posizione $ct_A\sqrt{}$", siano simultanei. Ci rendiamo subito conto che è richiesta una modifica ad hoc della reale configurazione fisica rappresentativa delle reciproche posizioni dei due osservatori O e O', relativamente alla propagazione del raggio misuratore del tempo, in modo tale che, lo stesso raggio, su O, emesso dall'origine a $t=t'=0$, raggiunga la posizione $xLA = ct_A \sqrt{}$ simultaneamente all'accadere dell'evento nella posizione $x_A = ut_A \sqrt{}$. Infatti, il raggio misuratore del tempo, che su O' raggiunge la posizione $x'LA' = ct'LA' = ct'$ simultaneamente all'accadere dell'evento nella posizione $x'_A = u't'$, viene rilevato, su O, nella posizione $xLA' = ct\sqrt{}$ al tempo $t\sqrt{}$. La unicità del raggio impedisce a quest'ultimo di trovarsi, relativamente ad O, simultaneamente in due posizioni distinte: nella posizione $xLA' = ct\sqrt{}$ richiesta dall'evento luminoso LA', nella posizione $ct_A \sqrt{}$ richiesta dall'evento luminoso LA.

Ci si potrebbe chiedere perché mai i due tempi $t\sqrt{}$ e $t_A \sqrt{}$, su O, dovrebbero riferirsi all'unico istante t', e quindi all'unica posizione ct', individuato dal raggio su O'? La risposta è insita nelle trasformate di Lorentz:

$$t\sqrt{1-\frac{v^2}{c^2}} = t' + \frac{v}{c}t' = \frac{1}{c}(ct'+vt')$$

$$t_A \sqrt{1-\frac{v^2}{c^2}} = t' + \frac{v}{c^2}u't' = \frac{1}{c}(ct'+v\frac{u't'}{c})$$

Entrambi i tempi, su O, sono corrispondenti dell'unico tempo t' di O' che impone al raggio, su O', la unica posizione ct'. Dunque, pur essendo, il raggio misuratore del tempo, unico, alla sua unica posizione ct', su O', dovrebbero corrispondere due posizioni distinte su O. Da questo assurdo e dalla unicità del raggio misuratore del tempo segue la esigenza (matematica) della creazione ad hoc di una diversa configurazione, relativa alle reciproche posizioni degli osservatori O e O', dalla quale rilevare, su O, l'istante $t_A\sqrt{}$ di accadimento dell'evento A. Tutto questo unicamente per la esigenza matematica di richiedere che il sistema di partenza sia soddisfatto dalla coppia (t', t_A) sotto la condizione dell'invarianza della velocità c.

Dunque, su O, il tempo dell'evento generico A scaturisce da una configurazione ad hoc che imponga al raggio misuratore del tempo, emesso a $t = t' = 0$ dall'origine, di individuare il tempo $t_A\sqrt{}$ corrispondente al tempo t' di O'. Così, per lo stesso evento A, dobbiamo prendere in considerazione le due seguenti configurazioni: in una, all'istante t' di O', la traslazione di O' relativa ad O è vt' cosicché lo stesso raggio, su O, viene rilevato nella posizione

$$ct\sqrt{1-\frac{v^2}{c^2}} = c(t' + \frac{v}{c}t') = ct' + vt',$$ questa configurazione è la stessa che ci consente di rilevare, su O, la posizione di accadimento dell'evento $x_A\sqrt{1-\frac{v^2}{c^2}} = x'_A + vt'$; nell'altra configurazione, creata ad hoc, all'istante t' di O', la traslazione di O', relativa ad O, è $v\frac{u't'}{c}$ cosicché lo stesso raggio, su O, viene rilevato nella posizione:

$$ct_A\sqrt{1-\frac{v^2}{c^2}} = c(t' + \frac{v}{c^2}u't') = (ct' + v\frac{u't'}{c}) = ct' + \frac{v}{c}x'_A.$$

La creazione di questa configurazione, che sconvolge la reale interpretazione fisica dell'evento, è necessaria dal punto di vista matematico affinché nel sistema di partenza le due equazioni siano soddisfatte dalle stesse coppie di tempi (t',t_A). Vediamo i dettagli.

Nella equazione $t_A\sqrt{1-\dfrac{v^2}{c^2}} = \dfrac{vt'+u't'}{u} = t'+\dfrac{v}{c^2}x'_A$ il tempo $t_A\sqrt{1-\dfrac{v^2}{c^2}}$ è quello impiegato dal corpo ipotetico, che transita dall'origine a $t=t'=0$, per percorrere il tratto $u't'+vt'$ alla velocità u. Affinché questo sia il tempo misurato dal raggio luminoso, emesso dall'origine a $t=t'=0$, occorre che lo stesso raggio raggiunga la posizione $ct_A\sqrt{1-\dfrac{v^2}{c^2}}$, su O, simultaneamente all'accadere dell'evento. Questo ci aiuta ad interpretare il senso fisico custodito nella espressione $t'+\dfrac{v}{c^2}x'_A = \dfrac{1}{c}(ct'+v\dfrac{u't'}{c})$. Essa rappresenta il tempo che il raggio di luce, su O, propagandosi alla velocità c, impiega a percorrere il tratto di misura ct' aumentato dal tempo che lo stesso raggio impiega a percorrere il tratto di traslazione "fittizia" $v\dfrac{u't'}{c}$ realizzata durante il tempo ipotetico $\dfrac{u't'}{c}$ che il raggio impiega a percorrere lo stesso tratto $u't'$ percorso dal corpo. Il risultato può anche essere interpretato immaginando che l'osservatore O, per questo evento luminoso, vede traslare il riferimento O' con velocità $v\dfrac{u'}{c}$ anziché con velocità v.

Dunque, la matematica, per la risoluzione del sistema sottoposto alle nostre condizioni, richiede una particolare configurazione che si ottiene modificando ad hoc quella già esistente. Ma non è tutto. La risoluzione del sistema impone che la coppia di tempi (t',t_A), soluzione della prima equazione, sia anche soluzione della seconda equazione. Perché ciò avvenga occorre preparare una nuova opportuna configurazione anch'essa ad hoc. Occorre simulare (ipotizzare) che l'evento A, su O, accada nella posizione $x_A = ut_A$ al tempo

$t_A = \dfrac{t' + \dfrac{v}{c^2} x'_A}{\sqrt{1 - \dfrac{v^2}{c^2}}}$ ossia nell'istante in cui il raggio, su O,

raggiunge la posizione $ct_A = \dfrac{ct' + \dfrac{v}{c} x'_A}{\sqrt{1 - \dfrac{v^2}{c^2}}}$.

In questo modo, la soluzione del sistema individua, per lo stesso raggio, su O', la seguente posizione:

$$ct'\sqrt{1 - \dfrac{v^2}{c^2}} = c \dfrac{ut_A - vt_A}{u'} = c(t_A - \dfrac{v}{c^2} x_A)$$

E quindi il tempo:

$$t'\sqrt{1 - \dfrac{v^2}{c^2}} = \dfrac{ut_A - vt_A}{u'} = \dfrac{1}{c}(ct_A - v\dfrac{ut_A}{c})$$

Da queste espressioni deduciamo che, su O, il raggio luminoso, emesso a $t = t' = 0$ dall'origine, raggiunge la posizione ct_A nello stesso istante in cui accade l'evento A nella posizione $x_A = ut_A$; conseguentemente, su O', lo stesso raggio luminoso, emesso a $t = t' = 0$ dall'origine, raggiunge la posizione $ct'\sqrt{1 - \dfrac{v^2}{c^2}}$ nello stesso istante in cui l'evento A accade nella posizione $u't'\sqrt{1-\frac{v^2}{c^2}}$. Quindi, le soluzioni del sistema sono tali che alle coordinate (x_A, t_A) dell'evento, su O, corrispondano le coordinate $(x'_A\sqrt{}, t'\sqrt{})$ dello stesso evento su O'.

Notiamo che anche qui la configurazione è preparata ad hoc affinché la equazione sia soddisfatta dalla coppia (t', t_A). Nella equazione $t'\sqrt{1-\frac{v^2}{c^2}} = \frac{ut_A - vt_A}{u'} = \frac{1}{c}(ct_A - v\frac{ut_A}{c})$ il tempo $t'\sqrt{1-\frac{v^2}{c^2}}$ è quello impiegato dal corpo ipotetico, che, su O', partendo dall'origine a $t=t'=0$, percorre il tratto $ut_A - vt_A$ alla velocità u'. Affinché questo coincida con il tempo misurato su O', dal raggio luminoso emesso dall'origine a $t=t'=0$, occorre che lo stesso raggio raggiunga la posizione $ct'\sqrt{1-\frac{v^2}{c^2}}$, simultaneamente all'accadere dell'evento. Questo ci aiuta a interpretare il senso fisico custodito nella espressione $t_A - \frac{v}{c^2}x_A = \frac{1}{c}(ct_A - v\frac{ut_A}{c})$. Per individuare questo tempo, il raggio, su O', deve percorrere lo stesso tratto ct_A, percorso dal raggio su O, diminuito dalla traslazione $v\frac{ut_A}{c}$ avvenuta durante il tempo ipotetico $\frac{ut_A}{c}$ impiegato dalla luce per percorrere lo stesso tratto ut_A percorso dall'ipotetico corpo.

[una diversa interpretazione: imponiamo che la luce percorra lo stesso tratto u't' alla velocità c in un tempo t, quindi $u't'=ct$ cioè i tempi sono inversamente proporzionali alle velocità ossia $t = \frac{u'}{c}t'$; adesso imponiamo che la traslazione nel tempo t alla velocità v sia percorsa dalla luce a velocità c in un tempo t", cioè $v(\frac{u'}{c}t') = ct''$ quindi $t'' = \frac{vu'}{c^2}t'$]

Apprendiamo, dunque, che, in generale, la posizione in cui accade l'evento consente di individuare una particolare traslazione il cui contributo modifichi opportunamente il tempo. Così, se, su O', l'evento è $(0,t')$, su O, per la determinazione del tempo, si dovrà ammettere che la traslazione sia nulla, anche se, la ragione e il calcolo della posizione, ci confermano che la traslazione è vt'.

Le configurazioni ad hoc, che ci hanno consentito di risolvere il sistema, sono imposte dalle condizioni matematiche necessarie affinché il sistema sia risolvibile sotto la condizione della invarianza della velocità della luce. Si vede che la conseguente interpretazione fisica perde di vista il reale contesto e che l'interpretazione ufficiale è solo fantasia.

Eventi particolari

Discutiamo alcuni eventi particolari.

Evento generico A, su O', del tipo $(0, t')$ cioè evento nell'origine $x'_0 = 0$ ad un tempo qualsiasi $t'_o = t'$. Determiniamo le coordinate (x_0, t_0) dello stesso evento su O applicando le trasformate di Lorentz:

$$x_0 = \frac{x'_0 + vt'}{\sqrt{1 - \frac{v^2}{c^2}}} \qquad t_0 = \frac{t' + \frac{v}{c^2} x'_0}{\sqrt{1 - \frac{v^2}{c^2}}}$$

Esse nello spazio di Minkowski hanno la seguente rappresentazione:

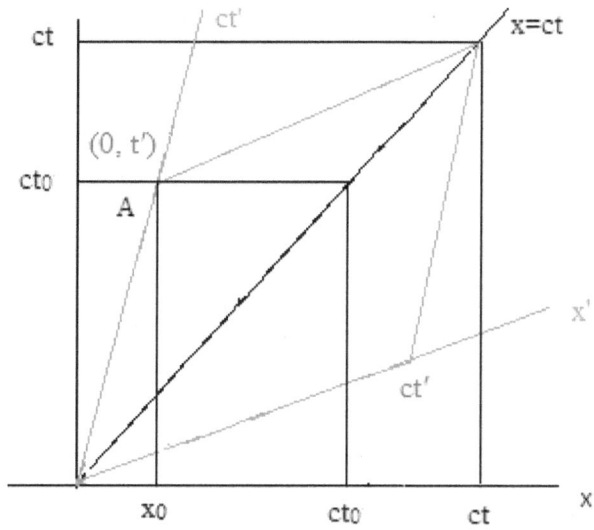

Ragioniamo sulle trasformate di Lorentz modificate ossia sulle coordinate fisiche dell'evento:

$$\begin{cases} x'_0 + vt' = x_0\sqrt{1-\dfrac{v^2}{c^2}} \\ t' + \dfrac{v}{c^2}x' = t_0\sqrt{1-\dfrac{v^2}{c^2}} \end{cases} \Rightarrow \begin{cases} 0 + vt' = x_0\sqrt{1-\dfrac{v^2}{c^2}} \\ t' + 0 = t_0\sqrt{1-\dfrac{v^2}{c^2}} \end{cases} \Rightarrow$$

$$\begin{cases} vt' = x_0\sqrt{1-\dfrac{v^2}{c^2}} \\ t' = t_0\sqrt{1-\dfrac{v^2}{c^2}} \end{cases}$$

che nella rappresentazione cartesiana danno la seguente configurazione:

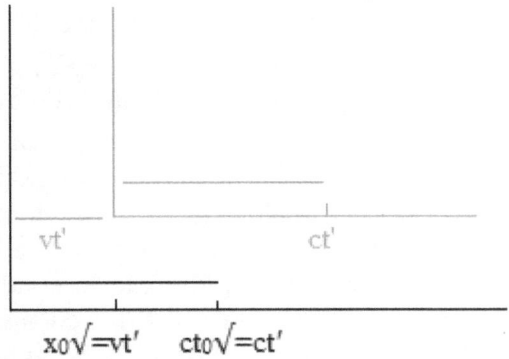

Si noti che il percorso del raggio, su O, viene modificato ad hoc simulando una traslazione, di O', nulla come imposto dalla matematica.

Utilizzando le velocità fittizie, u e u', il sistema assume la seguente forma:

$$\begin{cases} u't'+vt' = ut_0\sqrt{1-\dfrac{v^2}{c^2}} \\ t'+\dfrac{v}{c^2}u't' = t_0\sqrt{1-\dfrac{v^2}{c^2}} \end{cases}$$

Che, ponendo $u'=0$ quindi $u=v$, diventano:

$$\begin{cases} vt' = ut_0\sqrt{1-\dfrac{v^2}{c^2}} \\ t' = t_0\sqrt{1-\dfrac{v^2}{c^2}} \end{cases}$$

Come già esposto, per un evento generico, risolvere questo sistema vuol dire determinare le coppie (t',t_0) che siano soluzione per entrambe le equazioni. Queste soluzioni si ottengono sotto opportune condizioni, imposte ai coefficienti e già discusse, dettate da esigenze matematiche che implicano, per i due riferimenti, particolari configurazioni che, però, non riproducono la reale (naturale) configurazione fisica dell'evento. Esse dunque rappresentano delle configurazioni di comodo affinché siano soddisfatte le condizioni matematiche richieste necessarie per la risoluzione del sistema.

Dunque, su O, lo stesso evento avrà coordinate fisiche $(ut_0\sqrt{1-\dfrac{v^2}{c^2}}, t_0\sqrt{1-\dfrac{v^2}{c^2}})$ corrispondenti delle coordinate $(0,t')$ su O'.

In generale, se l'evento accade su O' nella posizione x' al tempo t', l'osservatore O rileverà lo stesso evento nella posizione $x\sqrt{1-\frac{v^2}{c^2}}=x'+vt'$ al tempo $t\sqrt{1-\frac{v^2}{c^2}}=t'+\frac{v}{c^2}x'$ che, per il nostro evento $(0,t')$, diventano: $x_0\sqrt{1-\frac{v^2}{c^2}}=vt'$, $t_0\sqrt{1-\frac{v^2}{c^2}}=t'$. E, ancora, affinché la coppia (t',t_0) sia soluzione del sistema, occorre che lo stesso evento, su O, sia rilevato nella posizione $x_0=\frac{x'+vt'}{\sqrt{1-\frac{v^2}{c^2}}}$ al tempo $t_0=\frac{t'+\frac{v}{c^2}x'}{\sqrt{1-\frac{v^2}{c^2}}}$ che per il nostro evento diventano:

$$x_0=\frac{vt'}{\sqrt{1-\frac{v^2}{c^2}}}, \quad t_0=\frac{t'}{\sqrt{1-\frac{v^2}{c^2}}}.$$

Cioè le coordinate (x_0,t_0) non sono le coordinate corrispondenti a (x',t') di O', ma sono quelle coordinate "fittizie" (o ipotetiche) che individuano una configurazione ad hoc in modo che, su O', l'evento sia rilevato in $(x'_0\sqrt{1-\frac{v^2}{c^2}},t'_0\sqrt{1-\frac{v^2}{c^2}})$ che per il nostro evento sono: $(0,t'\sqrt{1-\frac{v^2}{c^2}})$. Da notare la differenza fra t e t_0, infatti, il primo, $t = \dfrac{t' + \dfrac{v}{c^2}x'}{\sqrt{1 - \dfrac{v^2}{c^2}}} = \dfrac{t' + \dfrac{v}{c}t'}{\sqrt{1 - \dfrac{v^2}{c^2}}}$, è il tempo, riferito all'evento luminoso, in cui il raggio, su O, raggiunge la posizione ct; il secondo, $t_0 = \dfrac{t' + \dfrac{v}{c^2}x'}{\sqrt{1 - \dfrac{v^2}{c^2}}}$, è il tempo, riferito all'evento generico, in cui lo stesso raggio luminoso, su O, raggiunge la posizione ct_0. Ricordiamo che entrambi i tempi t e t_0, di O, sono determinati dall'unico tempo t' di O' cioè da un solo evento luminoso su O'.

Esaminiamo i dettagli degli eventi del tipo $(0, t')$.

L'evento accade nell'origine di O'. Questo comporta che, su O, l'evento deve essere rilevato nella stessa posizione in cui viene rilevata l'origine di O', cioè x=vt'. La conclusione è in accordo con le trasformate di Lorentz modificate, infatti:

$$x\sqrt{1 - \dfrac{v^2}{c^2}} = vt'$$

Dobbiamo concludere che la configurazione, relativa alle posizioni reciproche dei due osservatori, descritta dalla trasformata relativa alla posizione, è reale in quanto descrive l'esatto contesto fisico ottenuto da considerazioni razionali.

La configurazione ad hoc, descritta dalla trasformata relativa al tempo, è fittizia e si discosta dalla precedente che tuttavia è riferita allo stesso evento, infatti:

$$t_0 \sqrt{1 - \frac{v^2}{c^2}} = t' + \frac{v}{c^2} x' = t' + 0$$

In essa il contributo al tempo di O, dovuto alla traslazione, risulta nullo. Questo non è verosimile in quanto al tempo t', di O', corrisponde la traslazione vt', il che comporta, relativamente ad O, che lo stesso raggio si propaghi per il tratto ct'+vt' che, nella determinazione del tempo, implica un contributo dato dal termine $\frac{v}{c^2} x'$. Le trasformate di Lorentz esigono, in questo caso, che il termine $\frac{v}{c^2} x'$ sia nullo mettendo così in evidenza come la configurazione, priva di traslazione, sia una configurazione ad hoc, necessaria dal punto di vista matematico ma non realistica dal punto di vista fisico.

La dipendenza del tempo dalla posizione ha altre conseguenze interessanti dal punto di vista delle applicazioni.

Deduciamo alcune conseguenze in riferimento al decadimento dei pioni. Ipotizziamo, come in genere si fa, in modo arbitrario e lecito, che il decadimento accada nell'origine di O' cosicché le coordinate dell'evento sono $(0, t')$. L'evento è dello stesso tipo trattato prima, per il quale i nostri calcoli danno:

$$\begin{cases} vt' = x_0 \sqrt{1 - \frac{v^2}{c^2}} \\ t' = t_0 \sqrt{1 - \frac{v^2}{c^2}} \end{cases}$$

Cioè, secondo i nostri calcoli, gli istanti di decadimento sono gli stessi per entrambi gli osservatori.

Adesso ipotizziamo che il pione decada in una posizione generica x' diversa dall'origine di O', i nostri calcoli danno per O:

$$\begin{cases} x' + vt' = x\sqrt{1 - \dfrac{v^2}{c^2}} \\ t' + \dfrac{v}{c^2}x' = t\sqrt{1 - \dfrac{v^2}{c^2}} \end{cases}$$

Le trasformate ci danno un istante di decadimento, per lo stesso pione, diverso da quello calcolato per il decadimento nell'origine:

$$t\sqrt{1 - \frac{v^2}{c^2}} = t' + \frac{v}{c^2}x' \neq t'$$

Dunque, la trasformata è tale da implicare un istante di decadimento dipendente dalla posizione. Relativisticamente dovremmo concludere che l'istante di decadimento del pione cambia al cambiare della posizione in cui esso decade. Tale conclusione risulta incomprensibile mettendo altresì in dubbio la stessa omogeneità dello spazio.

Questo comportamento, per quanto ampiamente discusso in precedenza, comporta che il raggio luminoso, su O, occupi più posizioni corrispondenti all'unica posizione di O' x'=ct' che lo stesso raggio occupa al tempo t'.

La dipendenza dell'istante di decadimento dalla posizione non influisce sulla vita media di decadimento la quale resta inalterata in quanto, su O', la posizione fissata implica un tempo proprio che, nella determinazione del corrispondente tempo su O, rende nullo il contributo della traslazione fittizia.

Adesso trattiamo il caso di un evento generico, su O', in qualsiasi posizione al tempo zero, cioè: $(x',0)$. Applichiamo ad esso le trasformate di Lorentz che determinano le corrispondenti coordinate dell'evento su O. Per eventi di questo tipo le posizioni $x'=u't'$, $x=ut$ perdono di utilità, infatti, essendo $t'=0$, per qualunque valore di u' avremo $x'=0$

Le trasformate modificate danno le coordinate fisiche, su O, corrispondenti alle coordinate $(x',0)$ di O':

$$\begin{cases} x'+vt'=x_0\sqrt{1-\frac{v^2}{c^2}} \\ t'+v\frac{x'}{c^2}=t_0\sqrt{1-\frac{v^2}{c^2}} \end{cases} \Rightarrow \begin{cases} x'=x_0\sqrt{1-\frac{v^2}{c^2}} \\ v\frac{x'}{c^2}=t_0\sqrt{1-\frac{v^2}{c^2}} \end{cases}$$

Dunque su O le coordinate dell'evento $(x',0)$ di O' sono:

$$(x_0\sqrt{}=x', t_0\sqrt{}=\frac{v}{c^2}x')$$

Le trasformate danno $x_0\sqrt{}=x'$, cioè, alla posizione x' di O' corrisponde, su O, la posizione $x_0\sqrt{}$. Questo è in accordo con le considerazioni fatte sopra. Al tempo $t'=0$ abbiamo $vt'=0$, dunque, per l'osservatore O', anche la traslazione fra i due osservatori è nulla nell'istante in cui accade l'evento. Proviamo a spiegarci perché al tempo $t'=0$ di O' corrisponde il tempo $t\sqrt{}=\frac{v}{c^2}x'$, di O, originato da una traslazione fittizia. Il termine $\frac{v}{c^2}x'$, per quanto già detto, rappresenta il tempo, valutato da O, impiegato dal raggio luminoso a percorrere, a velocità c, il tratto di traslazione $v\frac{x'}{c}$ che rappresenta la distanza fra le origini dei due osservatori realizzatasi durante il tempo $\frac{x'}{c}$. Tuttavia all'istante di accadimento dell'evento, per O', la traslazione fra le origini è nulla, quindi, in modo evidente, si tratta di una traslazione ad hoc (immaginata) necessaria solo dal punto di vista matematico che non ha alcun riferimento con la reale configurazione dei due riferimenti. Dobbiamo ribadire che questo tempo è una creazione matematica affinché le trasformate siano soddisfatte dai tempi t_0 e t' e ogni interpretazione fisica che giustifichi tale configurazione è pura fantasia.

Notiamo ancora che al variare della posizione x' varia la traslazione fittizia $v\frac{x'}{c}$ che è tanto maggiore quanto più la posizione dell'evento è distante dall'origine, a questo segue che il tempo t, di O, crescerà all'aumentare della posizione x' pur essendo, su O', $t'=0$.

Le trasformate delle coordinate e il principio di invarianza

Abbiamo ottenuto le trasformazioni di Lorentz imponendo l'invarianza della velocità della luce e siamo giunti alla conclusione che le stesse trasformate sono prive di contenuto fisico significativo.

Si è anche visto che alcuni effetti (contrazione delle lunghezze, non simultaneità degli eventi) sono illusori ossia non sono reali e sono conseguenze di false interpretazioni causate da elaborazioni mentali innescate da sviluppi matematici conseguenti alla necessità di garantire una formale validità del principio di invarianza. Tali effetti non comportano, pertanto, alcun coinvolgimento reale nelle evoluzioni dei fenomeni fisici.

Per ottenere le trasformate di Lorentz si impone, oltre ai due noti postulati, che la velocità di traslazione di ciascun sistema rispetto all'altro sia la stessa per entrambi gli osservatori. Questa ipotesi risulta una corretta deduzione logica nella fisica classica dove il tempo e lo spazio sono assoluti; cioè, nella fisica classica, le misure dello spazio percorso e del tempo impiegato a percorrerlo sono le stesse per entrambi gli osservatori. Ma, nella fisica relativistica, dove spazio e tempo sono relativi, non è possibile stabilire a priori che la velocità relativa fra i due sistemi sia la stessa per entrambi gli osservatori; questo perché le misure della distanza fra le origini e dei rispettivi tempi impiegati a realizzarle non sono uguali per i due osservatori e, quindi, supporre che i rispettivi rapporti fra spazio e tempo, ossia le velocità relative di traslazione, siano uguali appare come un postulato. Le conseguenze di questo postulato (nascosto) si evidenziano nella rappresentazione della configurazione fisica dei sistemi di riferimento dei due osservatori O e O' relativa ad un generico evento.

Esaminiamo quanto affermato seguendo l'interpretazione ufficiale.

Consideriamo l'evento luminoso $(x';t')$, cioè un raggio, emesso dall'origine comune al tempo $t'=t=0$, che all'istante t', su O', viene rilevato nella posizione x'; le corrispondenti coordinate su O si determinano applicando le trasformate di Lorentz:

$$x = \frac{x'+vt'}{\sqrt{1-\frac{v^2}{c^2}}} \qquad t = \frac{t'+\frac{v}{c^2}x'}{\sqrt{1-\frac{v^2}{c^2}}}$$

Ancora una volta ricordiamo che i valori di x' e x, secondo l'interpretazione ufficiale, sono le ascisse che individuano, rispettivamente su O' e su O, l'unica posizione del raggio che si propaga lungo l'asse comune delle ascisse.

Dunque, il raggio raggiunge la posizione (unica) individuata in x' (su O') e in x (su O), rispettivamente, negli istanti t' e t.

A questo punto proviamo a rappresentare la configurazione fisica che visualizzi i due sistemi all'accadere dell'evento.

In questa costruzione dobbiamo tenere presente che $t' \neq t$, mentre la velocità v di moto relativo fra i due sistemi è la stessa per i due osservatori. Questo implica che, al verificarsi dell'evento, $vt' \neq vt$, cioè la distanza fra le origini assume valori diversi per i due osservatori e conseguentemente le posizioni reciproche delle due origini, sull'asse comune delle ascisse, sono diverse per i due osservatori. Dunque l'osservazione dell'evento (unico) è rappresentato da due configurazioni fisiche diverse: quella di O' e quella di O.

L'osservatore O' afferma che la distanza fra le origini, all'istante t', sia vt'; l'osservatore O afferma che la distanza fra le origini, all'istante t, sia vt.

Dal punto di vista dei relativisti tutto è secondo le previsioni in quanto essendo $t'<t$ le due configurazioni sono riferite ad istanti diversi; in questo caso, quella di O' avviene prima rispetto a quella di O.

Questa giustificazione è contraddittoria.

Se le distanze fra le origini sono diverse, in quanto riferite ad istanti diversi, allora anche la posizione del raggio, sull'asse comune delle ascisse, dovrebbe essere individuata in punti diversi per i due osservatori; ma questo non è possibile in quanto l'evento è unico. Inoltre, già ampiamente discusso, i tempi t' di O' e t di O danno ordine cronologico, rispettivamente, agli eventi di O' e agli eventi di O, ma non possono essere confrontati, cronologicamente, gli eventi che accadono su O' con quelli che accadono su O. Alla luce di queste considerazioni proviamo a vedere cosa comporta una elaborazione che ammetta velocità relative diverse.

Nell'istante $t'=t=0$ in cui le origini coincidono un raggio di luce viene emesso e si propaga nel verso positivo della direzione dell'asse x. Ipotizziamo che la velocità con cui O vede traslare O' sia v, mentre la velocità con cui O' vede traslare O sia $-v'$. Questa ipotesi ci permette di impostare il sistema:

$$\begin{cases} ct'+v't'=ct \\ ct-vt=ct' \end{cases} => \begin{cases} (c+v')t'-ct=0 \\ ct'-(c-v)t=0 \end{cases}$$

La velocità c del raggio sia la stessa per entrambi gli osservatori ed inoltre gli orologi siano sincronizzati secondo il metodo relativistico.

Il sistema è omogeneo e affinché esso ammetta soluzioni oltre a quella banale $t=t'=0$ occorre che il suo determinante sia nullo, cioè: $(c+v')(c-v)-c^2 = 0$
Questa condizione comporta che:

$$c = \frac{vv'}{v'-v}$$

Dunque esiste un segnale che si propaga in entrambi i sistemi con la stessa velocità; il valore di questa velocità non è arbitrario, esso dipende (ancora una volta) dalle velocità relative con cui ciascun sistema vede muovere l'altro.

Sostituendo questa condizione otteniamo che il sistema matematico dato risulta equivalente alla equazione: $v't'=vt$; questa equazione ci fornisce le infinite soluzioni di t' e t:

$$t' = \frac{vt}{v'} \qquad t = \frac{v't'}{v}$$

Moltiplicando ambo i membri di queste ultime per c troviamo le relazioni fra le posizioni (sempre riferite al raggio di luce):

$$x' = ct' = \frac{vct}{v'} = \frac{v}{v'}x \qquad x = ct = \frac{v'ct'}{v} = \frac{v'}{v}x'$$

Si noti che con queste "trasformazioni" il raggio è visto propagare alla velocità c su entrambi i sistemi.

Prendiamo in considerazione un caso concreto. Determiniamo le coordinate, individuate dai due osservatori, di un evento relativo ad un raggio luminoso emesso dalle origini comuni a $t=t'=0$. Vogliamo individuare la posizione, su O', all'istante $t'=3 \cdot 10^{-6} s$. Inoltre dobbiamo individuare le coordinate, su O, dello stesso evento sapendo che O trasla rispetto ad O' con velocità di modulo $v' = 0,5 \cdot 10^8 \, m/s$.

Sapendo che il raggio luminoso si propaga con velocità $c = 3 \cdot 10^8 \, m/s$ possiamo ricavarci la posizione x':

$$x' = c \cdot t' = 3 \cdot 10^8 \cdot 3 \cdot 10^{-6} = 900 m$$

Dalla relazione $c = \dfrac{vv'}{v'-v}$ possiamo ricavare v, ossia la velocità con cui O vede traslare O':

$$v = \frac{cv'}{c+v'} = \frac{3 \cdot 10^8 \cdot 0,5 \cdot 10^8}{3 \cdot 10^8 + 0,5 \cdot 10^8} = 0,428 \cdot 10^8 \, m/s$$

quindi: $t = \dfrac{v't'}{v} \cong 3,5 \cdot 10^{-6} s \quad x = ct = \dfrac{v'}{v} x' = 1,168 \cdot 9 \cdot 10^2 \cong 10,5 \cdot 10^2 \, m$

Abbiamo creato una configurazione fisica di due sistemi in moto relativo compatibile con un segnale che si propaga con la stessa velocità per entrambi gli osservatori, ma, per ottenerla, abbiamo dovuto sacrificare la relazione logica e classica della velocità relativa fra i due osservatori ed inoltre è stato necessario modificare il concetto di tempo assoluto. Questo ci suggerisce che un segnale che si propaghi con la stessa velocità per due osservatori in moto relativo è rifiutata dai principi fondamentali della ragione.

Ci accorgiamo così che è stato possibile creare una configurazione fisica dei due sistemi in cui la distanza fra le origini è la stessa per entrambi gli osservatori, ma c'è un prezzo da pagare: perdiamo il concetto classico e logico della velocità relativa fra i due osservatori, questo è conseguenza di un diverso modo di determinare il tempo che, in questo contesto, è relativo all'osservatore.

La matematica nelle trasformate di Lorentz

Analizziamo, dal punto di vista matematico, le trasformate di Lorentz:

$$x(x',t') = \frac{x'+vt'}{\sqrt{1-\frac{v^2}{c^2}}} \qquad t(x',t') = \frac{t'+\frac{v}{c^2}x'}{\sqrt{1-\frac{v^2}{c^2}}}$$

$$x'(x,t) = \frac{x-vt}{\sqrt{1-\frac{v^2}{c^2}}} \qquad t'(x,t) = \frac{t-\frac{v}{c^2}x}{\sqrt{1-\frac{v^2}{c^2}}}$$

La posizione $x(x',t')$ e il tempo $t(x',t')$ di O sono funzioni della posizione x' e del tempo t' di O'; la posizione $x'(x,t)$ e il tempo $t'(x,t)$ di O' sono funzioni della posizione x e del tempo t di O.

Dunque in generale le trasformate di Lorentz sono funzioni di due variabili. Esaminiamo la trasformata del tempo.

La funzione tempo $t(x',t')$ assume il valore nullo, cioè $t=0$, per coppie di valori (x',t') che annullano il numeratore $t'+\frac{v}{c^2}x'=0$. Questo avviene per la coppia di valori $(x'=0, t'=0)$, ma anche, in generale, per quei valori x', t' per cui $t'=-\frac{v}{c^2}x'$ o, in modo equivalente, t' e $x'=-\frac{c^2}{v}t'$. All'evento $(x', -\frac{v}{c^2}x')$ di O', con $x' \neq 0$, corrisponde, su O, l'evento di coordinate

$(x \neq 0, t = 0)$. Le condizioni iniziali impongono che l'evento "le origini si sovrappongono" sia unico ed avvenga nell'istante in cui gli orologi di O e di O' segnano simultaneamente il tempo $t = t' = 0$. Analizziamo in dettaglio il fenomeno.

Su O' il tempo t' scorre passando da valori $t' < 0$ (prima della sovrapposizione delle origini) a valori $t' > 0$ (dopo la sovrapposizione delle origini); nell'istante in cui $t' = 0$ l'osservatore O' osserva la sovrapposizione delle origini.

Per l'osservatore O l'evento accade al tempo $t = 0$ tutte le volte per cui le coordinate dell'evento stesso (x', t'), su O', sono tali che $t' = -\frac{v}{c^2} x'$.

Gli infiniti eventi, su O', del tipo $(x', -\frac{v}{c^2} x')$ saranno, su O, eventi simultanei cioè eventi che accadono al tempo $t = 0$. Naturalmente, per quanto detto sopra, tutti questi eventi risultano, su O, simultanei all'evento "sovrapposizione delle origini", ma gli stessi eventi, su O', non solo non sono simultanei fra di essi ma addirittura essi non risultano simultanei all'evento "sovrapposizione delle origini". Così, l'osservatore O rileverà tutti questi eventi simultaneamente alla sovrapposizione delle origini, mentre, su O', alcuni di questi eventi saranno rilevati prima che le origini si sovrappongano, altri dopo la sovrapposizione delle origini. Assurdo.

Questo assurdo è conseguenza dell'aver considerato la funzione $t(x', t')$ dipendente dalle due variabili x' e t'. Infatti le condizioni fisiche secondo le quali le origini si sovrappongono a $t = t' = 0$ implicano che i tempi t e t', dal punto di vista matematico, siano funzioni crescenti rispettivamente dipendenti l'una dall'altra cioè $t(t')$ e $t'(t)$. Così, dalla crescenza e dalla continuità delle funzioni $t(t')$ e $t'(t)$, la condizione $t = t' = 0$ si verifica una sola volta e indica l'istante in cui le origini si sovrappongono.

Questa condizione era già stata ottenuta. Infatti, come già commentato, nella trasformata del tempo $t(x',t') = \dfrac{t' + \dfrac{v}{c^2} x'}{\sqrt{1 - \dfrac{v^2}{c^2}}}$, se la posizione x' è quella raggiunta all'istante t' dal raggio luminoso, misuratore del tempo, emesso dalle origini comuni al tempo $t = t' = 0$, cioè $x' = ct'$, allora la trasformata diventa una funzione della sola t':

$$t(t') = \dfrac{t' + \dfrac{v}{c} t'}{\sqrt{1 - \dfrac{v^2}{c^2}}} \qquad \left[t'(t) = \dfrac{t - \dfrac{v}{c} t}{\sqrt{1 - \dfrac{v^2}{c^2}}} \right]$$

In questo modo il tempo t, funzione della sola variabile t', risulta funzione continua, crescente e il suo unico zero si ha per $t' = 0$.

Per l'evento generico la trasformata del tempo è:

$$t(x',t') = \dfrac{t' + \dfrac{v}{c^2} x'}{\sqrt{1 - \dfrac{v^2}{c^2}}}$$

in essa la posizione $x' \neq ct'$ implica, come è stato visto, una "seconda sincronizzazione" necessaria a garantire, apparentemente, il secondo postulato della relatività. In particolare la presenza della posizione nella trasformata del tempo comporta che il raggio luminoso misuratore del tempo occupi "simultaneamente" due posizioni distinte sull'asse comune $x \equiv x'$ delle ascisse.

Sul principio di equivalenza

"...Sia k un sistema di riferimento galileiano, vale a dire un sistema rispetto al quale (almeno nella regione quadridimensionale in esame) una massa, sufficientemente distante dalle altre masse, si muova di moto rettilineo uniforme.

Sia k' un secondo sistema di riferimento che si muove, rispetto a k, di moto relativo traslatorio uniformemente accelerato. Allora, relativamente a k', una massa sufficientemente distante dalle altre masse avrà un moto accelerato tale che la sua accelerazione e la direzione di questa siano indipendenti dalla natura materiale e dallo stato fisico della massa. Un osservatore a riposo rispetto a k' può concludere che egli si trova su un sistema di riferimento <<realmente>> accelerato? **La risposta è negativa**; infatti la relazione sopracitata delle masse liberamente mobili rispetto a k può essere interpretata egualmente bene nel seguente modo. Il sistema di riferimento k' non è accelerato, ma la regione spazio-temporale in questione subisce l'influenza di un campo gravitazionale, il quale genera il moto accelerato dei corpi rispetto a k'.

Questo punto di vista ci è reso possibile in quanto l'esperienza ci insegna che esiste un campo di forza, il campo gravitazionale, il quale gode della notevole proprietà di imprimere la stessa accelerazione a tutti i corpi... **Quindi, dal punto di vista fisico, l'ipotesi suggerisce essa stessa che i sistemi k e k' possono entrambi con egual diritto essere considerati "a riposo", vale a dire essi hanno egual diritto di venire scelti quali sistemi di riferimento per la descrizione dei fenomeni fisici.**

"...nell'istituire la teoria della relatività generale saremo condotti a una teoria della gravitazione, in quanto siamo capaci di <<produrre>> un campo gravitazionale semplicemente cambiando il sistema delle coordinate..."

Questo è un sunto di quanto affermato da Einstein nella sua memoria del 1916 [5].

Da queste considerazione nasce implicitamente il principio di equivalenza fra massa gravitazionale e massa inerziale sul quale poggia la teoria della relatività generale.

Quindi si conclude affermando che non è possibile distinguere, all'interno di un sistema, l'accelerazione impressa ad un corpo da un campo gravitazionale da quella "impressa" da un'accelerazione del sistema stesso.

Mi propongo di far vedere, nell'esposizione che segue, che è possibile distinguere un'accelerazione dovuta ad un campo gravitazionale da un'accelerazione dovuta al moto traslatorio accelerato del sistema e che ignorando tale distinzione si giunge a evidenti contraddizioni.

Riproponiamo l'esempio ideato dallo stesso Einstein a supporto del suo ragionamento e cioè un sistema di riferimento chiuso (ascensore) all'interno del quale un osservatore, ignaro di quanto accade esternamente all'ascensore stesso, esegue le sue esperienze.

Inizialmente, l'osservatore si trovi in una zona dello spazio dove la strumentazione di cui dispone non rileva alcun campo gravitazionale e di conseguenza osserverà che i corpi, all'interno dell'ascensore, non possiedono alcuna accelerazione oltre a quella eventualmente causata da una interazione reciproca.

Supponiamo che, ad un certo istante, un misterioso personaggio, imprima all'ascensore un'accelerazione g mediante una forza F costante applicata all'ascensore stesso. All'interno dell'ascensore è possibile rilevare che tutti i corpi possiedono l'accelerazione $-g$ indipendentemente dalla quantità della loro massa e dalla loro composizione proprio come un'accelerazione dovuta ad un campo gravitazionale. Quindi l'osservatore ha il diritto di concludere affermando di trovarsi in una zona in cui agisce un campo gravitazionale di intensità g.

Ma questa conclusione è subito smentita perché mentre i corpi, all'interno dell'ascensore, "cadendo" si depositano sulla faccia della scatola che funge da pavimento, la forza esterna, ora applicata ad una massa maggiore: ascensore e corpi poggiati sul pavimento, imprimerà un'accelerazione $g'<g$ e questa continuerà a diminuire man mano che altri corpi si depositeranno sul pavimento.

Questo risultato non è compatibile con un campo gravitazionale costante.

Ma facciamo eseguire all'osservatore una esperienza.

Per questo supponiamo che l'osservatore sia munito di una molla di massa trascurabile e di costante k conosciuta e di alcune masse tarate.

L'osservatore fissa la molla al tetto e ad essa aggancia una massa nota m_1.

Cosa si aspetta l'osservatore? Ovviamente si aspetta di poter verificare il valore della costante k della molla e la legge dell'elasticità utilizzando la misura x della deformazione e la misura del campo g già ottenuta dalla misura dei corpi in caduta, cioè: $k = \dfrac{m_1 g}{x}$. Ma vediamo subito che non è così.

Infatti, le condizioni di equilibrio sono: $kx = m_1 g$ con x deformazione della molla e g accelerazione del "campo" ma il rapporto $k = \dfrac{m_1 g}{x}$ non è compatibile con il valore g dedotto dalla esperienza dei corpi in caduta perché la forza responsabile dell'accelerazione che prima agiva solo sulla massa m dell'ascensore (eventualmente anche quella dell'osservatore) adesso agisce anche sulla massa del corpo m_1 e quindi sulla massa totale $m+m_1$, per cui l'accelerazione impressa al sistema sarà $g' = \dfrac{F}{(m+m_1)} < g$ e quindi, affinché venga ritrovato il valore della costante k, occorre utilizzare g', cioè: $k = \dfrac{m_1 g'}{x}$.

Se alla molla viene agganciata un'altra massa m_1 l'accelerazione impressa dalla forza F sarà:

$$g'' = \dfrac{F}{(m+2m_1)} < g'$$

quindi k sarà dato da: $k = \dfrac{2m_1 g''}{x'}$, essendo x' la nuova deformazione della molla.

L'osservatore può verificare i nuovi valori g' e g'' assunti dal "campo" andando a misurare l'accelerazione di caduta di un qualsiasi corpo all'interno dell'ascensore.

L'osservatore, anche senza conoscere il valore della costante k, constaterebbe che la legge della elasticità non è verificata.

Infatti, agganciando alla molla la massa m_1 egli misura l'allungamento x; aggiungendo, poi, alla molla un'altra massa m_1 l'osservatore si aspetta un allungamento doppio $2x$ essendo k costante. Ma non è così. Per quanto detto le misure dei due allungamenti sono dati rispettivamente da:

$$x = \dfrac{m_1 g'}{k} \qquad x' = \dfrac{2 m_1 g''}{k}$$

Da $g' > g''$, date dalle formule riportate sopra, segue $x' \neq 2x$.

Quindi l'osservatore sarebbe costretto a concludere che la legge dell'elasticità non è verificata.

Naturalmente se fossimo in presenza di un "vero" campo gravitazionale le conclusioni sarebbero diverse.

Considerazioni sullo spazio-tempo

Le trasformate di Lorentz hanno indotto Minkowski a sviluppare una geometria a quattro dimensioni che fosse rappresentativa dello spazio fisico il quale, nella nuova visione relativistica, deve includere il tempo come quarta dimensione. Questo è suggerito dal termine, contenente la posizione, che compare nella trasformata del tempo $t = \dfrac{t' + \dfrac{v}{c^2} x'}{\sqrt{1 - \dfrac{v^2}{c^2}}}$; esso ci dice che il tempo, prelevato dall'osservatore O, dipende dalla posizione in cui, su O', è accaduto l'evento e quindi dalla posizione, su O', dell'orologio da cui si preleva la informazione. Da un esame superficiale appare inequivocabile che il tempo sia legato alla posizione e quindi allo spazio, per cui la presenza della posizione nella trasformata del tempo ha fatto concludere che spazio e tempo siano indissolubilmente legati formando una unica entità: lo spazio-tempo. Tuttavia, l'analisi, condotta nella parte che precede, fa emergere che la presenza della posizione, nella trasformata del tempo, è necessaria affinché la distanza fra le origini dei due osservatori possa essere opportunamente modificata; questo per una esigenza squisitamente matematica ossia affinché sia possibile la risoluzione del sistema, discusso in precedenza, sotto la richiesta dell'invarianza della velocità c della luce. A questo punto, dunque, dovrebbe essere chiaro che il legame fra lo spazio e il tempo è solo apparente e una presunta vera interdipendenza porta a conclusioni, già discusse, fantasiose e di significato fisico non realistico. Questo è il mio punto di vista. Tale considerazione deve far riflettere su come lo sviluppo matematico, correttamente condotto, possa indurre, anche in altri contesti, a false interpretazioni della realtà che generano un proliferare di filosofie esistenziali le cui tesi, suggestive ma discutibili, risultano supportate da rassicuranti giustificazioni matematiche. Cioè partendo da ipotesi "forzate" si possono elaborare teorie, dallo sviluppo logicamente coerente, che conducono a conclusioni fuorvianti. Quindi per giudicare sulla accettabilità di una conclusione non basta il rigore logico ma occorre riflettere sulla veridicità delle ipotesi. Se dal punto di vista matematico è relativamente facile ipotizzare delle generalizzazioni (spazi ad n dimensioni) dal punto di vista fisico è richiesta una maggiore cautela.

Queste riflessioni ci inducono al seguente interrogativo: tutto ciò che la matematica è in grado di suggerire deve avere o può avere un corrispettivo nel mondo fisico reale? Cioè, dobbiamo convenire per principio che tutto ciò che è dedotto, con rigore matematico, necessariamente deve rappresentare un contesto fisico riscontrabile nel mondo reale? Oppure dobbiamo convenire che **non** tutte le deduzioni, ottenute da conclusioni matematicamente corrette, abbiano una rappresentazione nel mondo reale?

La matematica consente di esprimere in termini di quantità i concetti che altre discipline esprimono solo in forma astratta non quantificabile. Anche in fisica vari concetti vengono costruiti per astrazione, con il conforto del rigore logico, attingendo da ciò che i sensi rilevano. Da una teoria ci si aspetta che quanto da essa previsto sia in accordo con quanto osservato; la teoria è sostenuta da ipotesi che utilizzate in modo logico conducono a risultati conclusivi che devono confermare o predire dati osservati del fenomeno in esame. Le ipotesi, inoltre, devono essere in grado di far comprendere i dettagli del meccanismo attraverso il quale il fenomeno si manifesta (evolve). Se la teoria è in grado di confermare o di predire le osservazioni sperimentali viene accettata altrimenti rigettata o modificata.

    Se la teoria è confermata, nel senso specificato sopra, le ipotesi che sorreggono la teoria stessa implicitamente vengono ritenute realistiche ed esse sono determinanti nella comprensione dei fenomeni a cui la teoria fa riferimento. Infatti esse contribuiscono anche alla creazione di un modello che sia in grado di spiegare i dettagli del meccanismo evolutivo del fenomeno stesso. Tuttavia le evoluzioni di certi eventi macroscopici sono direttamente osservabili per cui per questi fenomeni i modelli risultano già confezionati dalla natura anzi gli stessi serviranno da modello per altri fenomeni non direttamente osservabili. Il moto dei pianeti è già un modello che la natura ci rivela attraverso l'osservazione; in questo caso le ipotesi (origini dell'attrazione gravitazionale) servono a comprendere i meccanismi per cui il moto è quello che osserviamo. Diversamente, dalle esperienze condotte per la comprensione della costituzione dell'atomo, è possibile osservare direttamente solo effetti secondari del fenomeno come i punti di impatto delle particelle proiettili e le traiettorie di esse in seguito all'impatto stesso, mentre non sono osservabili i processi microscopici che generano gli effetti osservati ossia non è possibile osservare la struttura microscopica dell'atomo; quest'ultima è suggerita dal modello reale del sistema planetario risultando esso compatibile con i risultati della esperienza. Le ipotesi avanzate saranno ritenute realistiche finché esse saranno compatibile con i risultati sperimentali.

    Sono molti i casi in cui la matematica induce a delle interpretazioni che si scontrano con quanto deducibile dalle osservazioni dirette della realtà.

    Nello studio della radiazione del corpo nero i risultati teorici ottenuti dai contributi di Wien, Rayleigh, Jeans sono sostenuti dalla ipotesi che l'energia sia distribuita (e quindi assorbita ed emessa) con continuità. Questa ipotesi conduce ad una teoria che solo in parte risulta in accordo con i dati sperimentali. Planck si rese conto che la teoria sarebbe stata in accordo con i dati sperimentali se l'ipotesi della distribuzione continua di energia fosse stata sostituita ad hoc ammettendo che l'emissione e l'assorbimento avvenissero per quantità discrete di energia secondo un fattore costante h. Anche qui l'ipotesi della quantizzazione della energia si presenta come una esigenza matematica affinché la "formula" dia i risultati voluti.

La quantizzazione della energia viene estesa, ad opera di Einstein, all'energia viaggiante generando l'ipotesi del fotone secondo cui la energia, trasportata dall'onda, nello spazio si propaga in una successione di quantità discrete. Il fotone, pensato come una "pallina" di energia, risulta una ipotesi in grado di spiegare altri fenomeni come l'effetto fotoelettrico e l'effetto Compton.

Tuttavia il significato del quanto $h\upsilon$ di energia risulta ambiguo. Infatti, il significato immediato di $h\upsilon$ è quello della quantità di energia impiegata nel tempo di un secondo per un numero υ di oscillazioni complete, in ciascuna delle quali è utilizzata una quantità di energia h. Quindi, secondo questa interpretazione, l'energia $h\upsilon$, per essere interamente assorbita od emessa, richiede un tempo di un secondo il che si scontra con altre interpretazioni (effetti fotoelettrico e Compton) che, dai dati sperimentali, richiedono un trasferimento di energia istantaneo. Anche qui l'interpretazione fisica, dettata da una esigenza matematica, non è in completo accordo con quanto osservato.

La quantizzazione dell'energia costituisce la genesi della teoria quantistica. Senza voler entrare nel merito delle problematiche constatiamo che nella teoria quantistica si ammette che uno stato fisico sia la composizione (sovrapposizione) di più stati (il gatto di Schrödinger). Questo è conseguenza della teoria della probabilità che sostiene la teoria quantistica. Cioè, volendo interpretare il fenomeno fisico per mezzo delle indicazioni matematiche si è indotti a dover concludere che lo stato osservato, ad esperienza conclusa, sarà certamente uno fra quelli possibili e quindi per il teorema della probabilità totale lo stato iniziale sarà la composizione di tutti i possibili stati finali. Nel lancio di un dado, se non truccato, tutte le facce hanno la stessa probabilità di presentarsi, l'uscita certa di uno dei sei numeri sarà esprimibile con la somma delle probabilità associate alle singole facce. Allo stato finale il dado presenterà una sola delle sei facce. Possiamo ripensare alla nostra esperienza in modo simile a quella del gatto di Schrödinger: lanciare il dado dentro una scatola chiusa e affermare che il dado dentro la scatola stia mostrando tutte le sei facce, ciascuna di una porzione proporzionale alla probabilità di uscita. Nell'attimo in cui si apre la scatola la stessa operazione di apertura forzerà il dado a mostrare una sola delle sei facce. Questa insolita descrizione del fenomeno non è contestabile in quanto, finché la scatola è chiusa, la configurazione fisica non è rilevabile dai sensi e quindi non potendo verificare non è possibile contestare. L'unico appiglio è rappresentato dalla constatazione che nessuno mai abbia osservato l'evento in tale modalità. Quindi siamo indotti a scartare una tale possibilità perché non è mai stata rilevata mentre, per contro, siamo propensi ad ammettere che dentro la scatola chiusa l'evento sia già quello che poi sarà osservato all'apertura della scatola. La descrizione suggerita dalla quantistica non inficia il risultato finale ma l'interpretazione fisica secondo la quale il dado, prima dell'apertura della scatola, mostrerebbe tutte e sei le facce non ha nulla di reale se per reale intendiamo ciò che è rilevabile dai sensi(*).

(*) *"rilevato dai sensi" lo intendiamo in senso lato ossia anche con l'ausilio di opportune strumentazioni che eliminano o limitano la soggettività nel processo di rilevazione.*

Certo si potrebbe obiettare che se la scatola è chiusa non è possibile osservare il dado e quindi è anche possibile ipotizzare quanto detto, ma se è così tutte le volte che non è possibile osservare direttamente un fenomeno possiamo pensare qualsiasi cosa sul fenomeno stesso e non avere mai alcuna certezza che ci guidi nella conoscenza. Questo ci ricorda il secondo principio della termodinamica: dell'acqua esposta al sole non diventa ghiaccio. Di questo abbiamo certezza (o elevata probabilità) solo perché nessuno mai ha osservato il contrario. Accettare per reale soltanto ciò che è rilevabile dai sensi è una ipotesi.

Il concetto di campo nasce per descrivere lo stato della materia sotto l'azione di una perturbazione provocata da una distribuzione di cariche elettriche. Successivamente, il campo, che è una rappresentazione matematica del contesto reale in esame, viene utilizzato per la descrizione di qualsiasi perturbazione assumendo così una propria entità, dissociata ma tuttavia legata all'entità materia. Il campo si sostituisce all'etere e quindi anche al vuoto. Lo spazio è il campo. Così, come non esiste lo spazio e il tempo ma esiste lo spazio-tempo, allo stesso modo non esiste lo spazio e il campo ma esiste lo spazio-campo. Esprimere lo spazio in funzione del campo diventa, in questo contesto, una esigenza.

Dal punto di vista matematico è relativamente semplice passare dalle funzioni ad una variabile a funzioni di più variabili e dal momento che le funzioni a due variabili sono rappresentabili su una superficie geometrica, che simula una superficie reale, noi parliamo di spazio a due dimensioni che individua un sottospazio dello spazio a tre dimensioni.

Se ci riferiamo alle funzioni a più variabili, $z=f(x,y)$ oppure $F(x,y,z)=0$, esse sono rappresentabili in uno spazio a tre dimensioni. Da qui la generalizzazione, affermando che una funzione ad n variabili rappresenta uno spazio ad n dimensioni.

Gauss classificò le superfici a due dimensioni attraverso la proprietà intrinseca detta curvatura. Il concetto di curvatura può essere facilmente esteso, dal punto di vista matematico, a "superfici" a più di due dimensioni e quindi si generalizza definendo la curvatura di uno spazio. Questo consente di ipotizzare l'esistenza di spazi-campo modellabili (come un mollusco, citando Einstein).

Il convincimento che tutti i risultati matematici debbano avere un corrispettivo fisico (realtà) conduce alla conclusione che esistono gli spazi ad n dimensioni, perché matematicamente esprimibili. Questo pensiero giustifica la creazione dello spazio-tempo euclideo (o pseudo-euclideo) a quattro dimensioni suggerito dalle trasformate di Lorentz, come riportato sopra. L'aspetto matematico della relatività generale completa questa visione legittimando l'esistenza di uno spazio-tempo curvo a quattro dimensioni.

Einstein, nella sua introduzione alla relatività generale, considera uno spazio euclideo in cui non esiste alcun campo gravitazionale e dove un riferimento galileiano k risulta inerziale ossia in esso è verificata la legge di inerzia ed inoltre in esso saranno validi i risultati della relatività ristretta. In questo stesso spazio egli considera un sistema k', a forma di disco, rotante, relativamente al riferimento k, di moto circolare uniforme. A questo punto Einstein afferma: "...Un osservatore seduto eccentricamente sul disco k' percepisce una forza che agisce verso l'esterno in direzione radiale e che, da un osservatore in quiete rispetto al corpo di riferimento originario k, sarebbe interpretata come un effetto di inerzia (forza centrifuga). Ma l'osservatore situato sul disco può considerare il suo disco come un corpo di riferimento in "quiete": ha diritto di far ciò in base al principio generale di relatività. Egli considera come effetto di un campo gravitazionale la forza che su lui stesso, e in generale su tutti gli altri corpi che sono in quiete relativamente al disco..." [6]

Einstein oltre a queste considerazioni analizza, applicando i risultati della relatività ristretta: contrazione delle lunghezze e dilatazione dei tempi, le relazioni fra le osservazioni rilevate dai due osservatori, del sistema inerziale k e del sistema rotante k', e deduce che nel sistema rotante k' non è possibile applicare la geometria euclidea, cioè lo spazio relativo al sistema rotante non può essere considerato euclideo.

Lo spazio-tempo della relatività ristretta è uno spazio euclideo (o pseudo-euclideo) ossia, secondo la visione della relatività generale, uno spazio in cui non c'è campo gravitazionale e quindi in esso è possibile utilizzare un riferimento non accelerato nel quale è possibile verificare la legge di inerzia. Nella relatività generale, è la presenza di un campo gravitazionale che distorce lo spazio-tempo trasformandolo in uno spazio-tempo non euclideo. Questa potente visione scaturisce dall'equivalenza fra massa inerziale e massa gravitazionale. Il principio di equivalenza è conseguenza della convinzione che un campo gravitazionale produca gli stessi effetti dinamici di quelli prodotti dalla accelerazione del sistema di riferimento. Così il moto di un corpo, che in un sistema galileiano è rettilineo uniforme, osservato da un sistema di riferimento accelerato apparirà curvilineo come se l'effetto fosse dovuto alla azione di un campo gravitazionale.

Le implicazioni della relatività ristretta sono dovuti ad effetti cinematici che tuttavia non possono incidere sulla struttura dello spazio, ma a questo punto interviene il principio di relatività generale che sostenuto dal principio di equivalenza uguaglia gli effetti di un campo gravitazionale a quelli dovuti ad una accelerazione del sistema. Nel nostro caso sul sistema rotante l'effetto della accelerazione centrifuga simula quello di un campo gravitazionale che risulta la causa fisica della diversa struttura dello spazio.

Secondo il pensiero di Einstein l'accelerazione di un sistema di riferimento, opportunamente scelto, produce effetti non distinguibili da quelli prodotti da un campo gravitazionale.

Abbiamo constatato, nello sviluppo riportato nella sezione che precede, che non è così. Il sistema accelerato, sotto l'effetto di una forza, genera una accelerazione che varia man mano che i corpi si depositano sul suolo, questo rende distinguibili gli effetti del campo gravitazionale da quelli dovuti alla accelerazione del riferimento.

Einstein afferma che il campo pseudo-gravitazionale è simulato dalla forza centrifuga che agisce radialmente sui corpi posti sul disco. Ma la forza centrifuga nasce per la presenza della forza di attrito, infatti se non ci fosse quest'ultima qualunque corpo sul disco "scivolerebbe" e relativamente al disco apparirebbe muoversi di moto circolare uniforme senza tuttavia alcuna forza centripeta. Ora, nello spazio euclideo, in cui sono immersi i due osservatori k e k', non esiste, per ipotesi, alcun campo gravitazionale per cui qualunque corpo posto sul disco non potrà esercitare alcuna forza perpendicolare alla superficie di contatto escludendo così la forza di attrito che a sua volta esclude la forza centrifuga e quindi l'osservatore sul disco non potrà percepire alcun "campo gravitazionale".

Dalle considerazioni riportate è legittimo concludere che il campo gravitazionale, in generale, non può essere simulato da una accelerazione del sistema, esso è solo un prodotto matematico che non ha un reale corrispettivo fisico. Ancora una volta assistiamo a risultati matematici che inducono ad interpretazioni di contesti fisici non reali.

Le contrazioni delle lunghezze e le dilatazioni dei tempi, come visto in precedenza, sono conclusioni tratte da errate interpretazioni suggerite da esigenze matematiche, necessarie per le condizioni imposte; esse non possono essere giustificate da un campo gravitazionale simulato per il semplice motivo che quest'ultimo è solo un prodotto matematico senza alcunché di reale.

Queste conclusioni appaiono in netto contrasto con numerose esperienze che confermano quanto previsto dalla teoria relativistica. Tuttavia, a parte le numerose e autorevoli critiche, possiamo così ragionare: la relatività generale nonostante le sue originali e profonde idee innovatrici poggia sugli effetti della relatività ristretta della contrazione delle lunghezze e della dilatazione dei tempi che a loro volta sono conseguenze del principio di invarianza della velocità della luce. Ora, la enorme velocità della luce impedisce, nell'ambito di qualsiasi esperienza, di rilevare modificazioni di risultati empirici conseguenti ad eventuali diversi valori della velocità della luce.

Cioè, in una qualsiasi esperienza i dati empirici, entro gli errori sperimentali, restano immutati anche se provenienti da contesti sperimentali nei quali la velocità della luce assume valori diversi. L'invarianza di questi dati empirici risulta compatibile con una teoria all'interno della quale la velocità della luce è una costante universale.

Possiamo concludere affermando che il postulato di invarianza della velocità della luce genera gli effetti di contrazione delle lunghezze e dilatazione dei tempi, a loro volta questi effetti implicano la esistenza di uno spazio – tempo non euclideo che, nel contesto della relatività generale, è suffragato da un campo gravitazionale. Dunque il postulato dell'invarianza della velocità della luce si propaga per l'intero ambito della relatività che con esso è compatibile.

APPENDICE

Sul concetto di simultaneità

"…Noi dobbiamo considerare che tutti i nostri giudizi, nei quali il tempo ha un ruolo, sono sempre giudizi circa *avvenimenti contemporanei*. Se io p. es. dico :<< quel treno giunge qui alle ore 7>> ciò equivale circa :<<La segnalazione della piccola sfera del mio orologio del 7 e l'arrivo del treno sono avvenimenti contemporanei…"

Così Einstein, nel suo articolo[3], inizia la sua analisi del concetto di simultaneità.

Il pensiero riportato induce a considerare il concetto di simultaneità come la "descrizione"di un contesto squisitamente temporale.

Dobbiamo convenire che non è il tempo a definire la simultaneità, ma, al contrario, è il tempo che per mezzo del concetto di simultaneità assume significato. Infatti, riferendoci all'esempio di Einstein, la lancetta dell'orologio si porta sul numero 7 (a prescindere dalla precisione con cui si giudica la posizione della lancetta) è un evento che per convenzione dà la misura del tempo; l'arrivo del treno è un altro evento. Come stabiliamo che i due eventi sono simultanei? Non certo con la misura del tempo. Infatti la misura del tempo "sono le 7" è un evento che avviene indipendentemente dall'evento "arrivo del treno".

Nello stabilire se i due eventi sono simultanei ci affidiamo ai sensi e alla ragione (o buon senso). Cioè noi "giudichiamo" simultanei i due eventi "arrivo del treno" e "sono le 7" semplicemente affidandoci alla percezione dei nostri sensi.

Se dovessimo giudicare la simultaneità localmente allora non avremmo bisogno degli orologi e giudicheremmo la simultaneità di due eventi affidandoci ai sensi, ma volendo giudicare la simultaneità a distanza abbiamo inventato un metodo che consiste nel giudicare la simultaneità utilizzando le misure dei tempi rilevati dagli orologi che, naturalmente, devono essere sincronizzati.

Potremmo dire che con simultaneità di eventi in luoghi diversi si intende affermare che se i due eventi accadessero nella stessa posizione allora essi sarebbero giudicati simultanei dai sensi.

In sintesi: la simultaneità è un concetto primitivo generato per astrazione dalla intuizione e dalla ragione.

E' nella misura del tempo che si fa uso implicitamente del concetto di simultaneità e non il viceversa.

La cosa è identica all'operazione di misura in generale. Misurare significa associare ad una grandezza un numero che esprima il rapporto fra la grandezza da misurare e la grandezza assunta come unità di misura ossia il numero di volte che la unità di misura è contenuta nella grandezza da misurare. Ora, la misura serve a confrontare a distanza due grandezze ma se il confronto dovesse essere fatto localmente non ci sarebbe bisogno della misura in quanto basterebbe il confronto diretto fra le grandezze prese in considerazione.

Il concetto di misura serve a "trasportare virtualmente" le grandezze; infatti, misurata una grandezza in un certo luogo si può "trasportare" la grandezza unità di misura in qualsiasi altro luogo e con essa misurare una seconda grandezza. Il confronto delle misure ottenute sostituirà il confronto diretto delle grandezze cioè le grandezze saranno confrontate a distanza attraverso le loro misure.

Si noti che anche il concetto generale di uguaglianza è un concetto primitivo per mezzo del quale si definisce l'operazione di misura. Due entità sono uguali, rispetto ad una determinata proprietà, se risultano indistinguibili rispetto alla proprietà stessa. L'operazione di misura si effettua utilizzando il concetto di uguaglianza e non il viceversa.

Einstein descrive molto bene il procedimento che utilizza il concetto di simultaneità.

Dalla sua descrizione si può dedurre che per stabilire l'istante in cui l'evento avviene occorre che orologio ed evento si trovino nella stessa posizione. In questo modo si potrà stabilire, per mezzo dei sensi, se i due eventi "la lancetta dell'orologio segna le sette" e "arrivo del treno" siano o no simultanei. Essi sono simultanei se risultano indistinguibili rispetto all'ordine temporale stabilito secondo il concetto primitivo del prima e del dopo. E' importante comprendere che per la determinazione dell'istante in cui avviene l'evento necessita la simultaneità locale della indicazione del tempo, data dall'orologio, e dell'evento stesso. Cioè stabilire l'istante (sono le sette) in cui avviene l'evento (arrivo del treno) è possibile solo se l'evento "arrivo del treno" è presente fisicamente nello stesso luogo dove è presente fisicamente l'orologio. A cosa serve la sincronizzazione degli orologi? Secondo quanto è stato esposto prima la sincronizzazione degli orologi consente, nota la misura locale dell'istante in cui avviene l'evento, di conoscere l'istante dell'avvenimento in un'altra qualsiasi posizione del sistema di riferimento e così confrontare la simultaneità di eventi avvenuti anche in posizioni diverse. Se con orologi sincronizzati è stato rilevato l'arrivo del treno alle sette nella stazione A e l'arrivo di un altro treno alle sette nella stazione B allora possiamo concludere che la presenza fisica dei due treni, nelle rispettive stazioni, è stata simultanea cioè la lancetta dell'orologio posto in A segnava le sette simultaneamente all'arrivo del treno nella stazione A, analogamente la lancetta dell'orologio posto in B segnava le sette simultaneamente all'arrivo del treno nella stazione B; dunque, se i treni fossero arrivati nella stessa stazione sarebbero arrivati simultaneamente.

Questo è quanto si evince dalla descrizione di Einstein.

A testimonianza della relatività del concetto di simultaneità Einstein descrive una esperienza ideale utilizzando due fulmini (A. Einstein - Relatività: esposizione divulgativa - Boringhieri 1967).

"... Due eventi (per esempio i due colpi di fulmine A e B) che sono simultanei rispetto alla banchina ferroviaria saranno tali anche rispetto al treno? Mostreremo subito che la risposta deve essere negativa.

Allorché diciamo che i colpi di fulmine A e B sono simultanei rispetto alla banchina intendiamo: i raggi di luce provenienti dai punti A e B dove **cade** il fulmine si incontrano l'uno con l'altro nel punto medio M dell'intervallo AB della banchina. Ma **gli eventi A e B corrispondono anche alle posizioni A e B sul treno.** Sia **M'** il punto medio dell'intervallo A e B sul treno in moto. Proprio quando si verificano i bagliori del fulmine, **questo punto coincide naturalmente con il punto M**, ma esso si muove verso la destra del diagramma con velocità v del treno. Se un osservatore seduto in treno nella posizione M' non possedesse questa velocità, allora egli rimarrebbe permanentemente in M e i raggi di luce emessi dai bagliori del fulmine A e B lo raggiungerebbero simultaneamente, vale a dire s'incontrerebbe proprio dove egli è situato.

Tuttavia nella realtà (considerata con riferimento alla banchina ferroviaria), egli si muove rapidamente verso il raggio di luce che proviene da B, mentre corre avanti al raggio di luce che proviene da A. Pertanto l'osservatore vedrà il raggio di luce emesso da B prima di vedere quello emesso da A. Gli osservatori che assumono il treno come loro corpo di riferimento debbono perciò giungere alla conclusione che il lampo di luce B ha avuto luogo prima del lampo di luce A. Perveniamo così al seguente importante risultato: gli eventi che sono simultanei rispetto alla banchina non sono simultanei rispetto al treno e viceversa (relatività della simultaneità); ogni corpo di riferimento (sistema di coordinate) ha il suo proprio tempo particolare: un'attribuzione di tempo è fornita di significato solo quando ci venga detto a quale corpo di rifermento tale attribuzione si riferisce ..."

Notiamo come anche Einstein, nelle parole evidenziate in nero, citi lo spazio assoluto. Egli, infatti, afferma che i punti A e B dove il fulmine (o i fulmini) cade sono gli stessi, quindi unici, per i due osservatori; cioè, questi due punti avranno coordinate diverse relativamente ai due osservatori tuttavia essi sono unici e rappresentano i luoghi assoluti dove avvengono gli eventi.

Ma torniamo alla esperienza. Il fulmine colpisce, relativamente alla banchina, simultaneamente i due punti distinti A e B; lo stesso fulmine colpisce gli stessi punti A e B, relativamente al treno, non simultaneamente ed in particolare il punto B viene colpito prima del punto A. Quindi, seguendo Einstein, possiamo così riassumere le conclusioni: relativamente al treno un osservatore posto in B giudica simultanei gli eventi: " il fulmine colpisce il punto B " e " la lancetta dell'orologio posto in B segna il tempo tB"; sempre relativamente al treno un osservatore posto in A giudica simultanei gli eventi: "la lancetta dell'orologio posto in A segna il tempo tB" e " nessun fulmine colpisce il punto A". Il fulmine colpisce il punto B, sia per l'osservatore solidale alla banchina sia per l'osservatore solidale al treno; il fulmine colpisce il punto A per l'osservatore solidale alla banchina, ma il fulmine non colpisce il punto A per l'osservatore solidale al treno. Se il punto A sul treno coincide con il punto A della banchina come fa l'osservatore solidale al treno ad affermare che il fulmine non colpisce il punto A se l'osservatore solidale alla banchina afferma che lo stesso fulmine colpisce il punto A?

Dalla banchina la presenza fisica del fulmine in A implica simultaneamente la presenza fisica del fulmine in B; dal treno la presenza fisica del fulmine in B implica, simultaneamente, la non presenza del fulmine in A.

Possiamo ipotizzare che il fulmine colpendo i punti A e B lasci in ciascuno di essi una traccia per esempio una bruciatura. Allora dalla relatività della simultaneità segue che nel punto B, sia dalla banchina che dal treno, si nota la bruciatura; nel punto A dalla banchina si rileva la bruciatura mentre dal treno non si rileva alcuna bruciatura (il fulmine non ha ancora raggiunto il punto A). Einstein all'inizio della sua considerazione sulla simultaneità ha tenuto a precisare l'importanza e la necessità della presenza del treno nello stesso luogo in cui si trova posizionato l'orologio affinché si potessero giudicare simultanei l'arrivo del treno e la segnalazione delle sette da parte della lancetta; adesso, nella parte conclusiva del ragionamento, non si preoccupa più di assicurarsi che l'evento accada fisicamente nello stesso luogo dove è posizionato l'orologio. Infatti, dal treno, se l'istante dell'arrivo del fulmine, nel punto A, viene affidato alla lettura (al calcolo) del tempo data dall'orologio, si deve concludere in modo logico che il fulmine colpisce il punto A in due istanti diversi: una prima volta per la banchina, una seconda volta per il treno. Questo non può essere accettato in quanto l'evento "il fulmine colpisce il punto A" è unico.

    La simultaneità relativistica ha senso solo se essa viene valutata dalla coincidenza della misura dei tempi senza associare alcun significato reale al verificarsi dell'evento.

Sulle trasformate di Lorentz

Le trasformate di Lorentz nascono dalla esigenza di rendere invarianti le equazioni di Maxwell per osservatori in moto uniforme relativo, esse possono essere ottenute risolvendo il sistema formato dalle due relazioni descriventi la posizione del raggio luminoso, osservato da due riferimenti O e O' in moto relativo uniforme con velocità v, emesso dalle origini comuni al tempo t=t'=0:

$$\begin{cases} ct' + vt' = ct \\ ct - vt = ct' \end{cases}$$

La condizione di invarianza della velocità c, ossia la richiesta che c sia la stessa per tutti gli osservatori, impone che il sistema venga riscritto:

$$\begin{cases} ct' + vt' = ct\sqrt{1 - \dfrac{v^2}{c^2}} \\ ct - vt = ct'\sqrt{1 - \dfrac{v^2}{c^2}} \end{cases}$$

Dalle due equazioni relative alla posizione del raggio si ottengono le relazioni fra i tempi:

$$\begin{cases} t' + \dfrac{v}{c}t' = t\sqrt{1 - \dfrac{v^2}{c^2}} \\ t - \dfrac{v}{c}t = t'\sqrt{1 - \dfrac{v^2}{c^2}} \end{cases}$$

Ricordiamo che la particolare struttura del sistema è dovuta alla esigenza matematica di risolvere il sistema sotto la condizione di invarianza imposta alla velocità c della luce.

Le posizioni istantanee del raggio x'=ct' e x=ct consentono di riscrivere le relazioni ottenute:

$$\begin{cases} x' + vt' = x\sqrt{1 - \dfrac{v^2}{c^2}} \\ t' + \dfrac{v}{c^2}x' = t\sqrt{1 - \dfrac{v^2}{c^2}} \end{cases}$$

$$\begin{cases} x - vt = x'\sqrt{1 - \dfrac{v^2}{c^2}} \\ t - \dfrac{v}{c^2}x = t'\sqrt{1 - \dfrac{v^2}{c^2}} \end{cases}$$

La presenza della posizione nella trasformata di Lorentz relativa al tempo è dovuta alla iniziale configurazione descrivente la propagazione del raggio luminoso. Infatti il raggio luminoso, misuratore del tempo, che su O', all'istante t' raggiunge la posizione x'=ct', relativamente ad O effettuerà un percorso aggiuntivo dato dalla traslazione di O' rispetto ad O pari a s=vt' (v velocità relativa) che sarà percorso dal raggio nel tempo $t'_1 = \frac{vt'}{c} = \frac{v}{c}\frac{ct'}{c} = \frac{v}{c}\frac{x'}{c} = \frac{v}{c^2}x'$.

Evidenziamo che se il raggio, sullo stesso riferimento, occupa due posizioni diverse $x_1'=ct_1'$ e $x_2'=ct_2'$ con $x_1' \neq x_2'$, necessariamente sarà $t_1' \neq t_2'$ e viceversa, se $t_1' \neq t_2'$, necessariamente sarà $x_1' \neq x_2'$. Analogamente il contributo alla traslazione vt' è nullo solo se t'=0 essendo v≠0.

Se due posizioni del raggio su O' coincidono, cioè se $x_1'=x_2'$ <=> $t_1'=t_2'$, allora le posizioni corrispondenti coincidono anche su O, infatti:

$$c(t'_2 - t'_1) + v(t'_2 - t'_1) = 0 = c\sqrt{1 - \frac{v^2}{c^2}}(t_2 - t_1) = 0$$
$$\Rightarrow x_2 = x_1 \Rightarrow t_2 = t_1$$

La presenza della posizione nelle trasformate di Lorentz ha indotto a utilizzare le stesse trasformate per eventi generici. Secondo il mio pensiero le trasformate di Lorentz devono essere applicate solo alla propagazione del raggio, a sostegno di questa convinzione basta ribadire che la particolare struttura delle trasformate di Lorentz è stata ottenuta nel rispetto dell'imposizione dell'invarianza della velocità c e questa particolare caratteristica è posseduta, nell'intero universo, dalla sola entità luce. La forzatura dell'utilizzo delle trasformate di Lorentz per eventi generici implica esigenze matematiche che sconvolgono il reale contesto fisico.

La problematica dell'utilizzo delle trasformate ad eventi generici è stata già ampiamente discussa, voglio qui riportare alcune considerazioni che nascono dal confronto fra le trasformate del tempo applicate all'evento generico e all'evento propagazione del raggio.

Le trasformate riferite ad un evento generico A(x_A', t_A') su O' sono:

$$\begin{cases} x_A' + vt_A' = x_A\sqrt{1-\dfrac{v^2}{c^2}} \\ t_A' + \dfrac{v}{c^2}x_A' = t_A\sqrt{1-\dfrac{v^2}{c^2}} \end{cases}$$

$$\begin{cases} x_A - vt_A = x_A'\sqrt{1-\dfrac{v^2}{c^2}} \\ t_A - \dfrac{v}{c^2}x_A = t_A'\sqrt{1-\dfrac{v^2}{c^2}} \end{cases}$$

Con (x_A, t_A) coordinate, su O, dello stesso evento A. Ricordo che è già stato analizzato il termine $\dfrac{v}{c^2}x_A' = \dfrac{1}{c}\dfrac{vx_A'}{c}$, esso rappresenta il tempo impiegato dalla luce a percorrere il tratto di traslazione, fittizio, $\dfrac{vx_A'}{c}$ che separa l'origine di O dall'origine di O' nell'istante t_A'. Si può, altresì, pensare che il contributo della posizione dell'evento comporti la modifica della velocità relativa dei due osservatori.

Nell'ambito relativistico, allo stesso termine, possiamo dare un significato ulteriore. Per questo consideriamo la trasformata del tempo relativa ad un evento generico:

$$t_A' + \dfrac{v}{c^2}x_A' = t_A\sqrt{1-\dfrac{v^2}{c^2}}$$

Per $t_A'=0$, cioè nell'istante in cui, su O', tutti gli orologi segnano $t'=0$, abbiamo:

$$0 + \frac{v}{c^2} x_A' = t_A \sqrt{1 - \frac{v^2}{c^2}}$$

Quindi il termine $\frac{v}{c^2} x_A'$ rappresenta il tempo su O, prelevato dall'orologio di O' posizionato in x_A', nell'istante in cui su O' tutti gli orologi segnano lo zero. Quindi, in generale, possiamo interpretare $\frac{v}{c^2} x'$ come il tempo che l'osservatore O preleva dall'orologio di O' posizionato in x' nell'istante $t'=0$. E' evidente che tale tempo dipende dalla posizione dell'orologio su O' e questo tempo aumenterà all'aumentare di x'; solo per $x'=0$ esso sarà nullo. Tale tempo fittizio è creato ad hoc per l'esigenza matematica di soddisfare, entrambe le relazioni della posizione nei due riferimenti, dalla stessa soluzione (t', t).

Convinciamoci che la traslazione $\frac{vx'}{c}$ è una quantità matematica che altera il significato del contesto fisico. La sincronizzazione degli orologi è stata fatta in modo che nell'istante in cui le origini coincidono si abbia $t'=t=0$. In questo, unico, istante la distanza fra le origini è nulla.

Così, all'istante $t'=0$, O preleva dall'orologio di O', posizionato in $x'=0$, il tempo:

$$0 + 0 = t \sqrt{1 - \frac{v^2}{c^2}} = 0$$

Mentre preleverà dall'orologio di O' posizionato in $x' \neq 0$, sempre per $t'=0$, il tempo:

$$0 + \frac{v}{c^2}x' = t\sqrt{1 - \frac{v^2}{c^2}}$$

A t'=0 la traslazione vt' è nulla tuttavia $\frac{v}{c^2}x' \neq 0$ implica una traslazione fittizia $\frac{vx'}{c} \neq 0$ la quale, quindi, corrisponde ad una quantità matematica che non ha alcun corrispettivo fisico reale.

Consideriamo l'evento generico su O' (t_A', 0), per esso la trasformata del tempo è:

$$t_A' + 0 = t_A\sqrt{1 - \frac{v^2}{c^2}}$$

Per tutti gli eventi che accadono nell'origine di O' gli istanti di accadimento saranno gli stessi istanti di O, cioè gli eventi che accadono nell'origine, di uno dei due osservatori, avranno per entrambi gli osservatori gli stessi istanti di accadimento.

Per questi eventi la traslazione fittizia fra le origini $\frac{vx'}{c}$ risulta nulla, ma ciò non è razionale perché al tempo t'≠0 la traslazione fra le origini, misurata da O', è vt'≠0, per cui, il raggio misuratore del tempo, relativamente ad O, effettua un percorso in più, rispetto a quello effettuato su O', che implica un tempo in più. Infatti la trasformata del tempo, applicata alla propagazione del raggio, per lo stesso evento è:

$$t_A' + \frac{v}{c}t_A' = t_R\sqrt{1 - \frac{v^2}{c^2}} \neq t_A\sqrt{1 - \frac{v^2}{c^2}}$$

Con t_R tempo riferito al percorso del raggio su O.

Consideriamo, su O', i due eventi A(x_A', t_A') e B(x_B', t_B'), per essi le trasformate sono:

$$t_A' + \frac{v}{c^2}x_A' = t_A\sqrt{1-\frac{v^2}{c^2}} \qquad t_B' + \frac{v}{c^2}x_B' = t_B\sqrt{1-\frac{v^2}{c^2}}$$

Su O' la differenza dei tempi fra i due eventi è: $t_B'-t_A'$ essendo $t_B' > t_A'$, su O abbiamo:

$$t_B\sqrt{1-\frac{v^2}{c^2}} - t_A\sqrt{1-\frac{v^2}{c^2}} = t_B' - t_A' + \frac{v}{c^2}(x_B' - x_A')$$

Se $t_B' = t_A'$:

$$t_B\sqrt{1-\frac{v^2}{c^2}} - t_A\sqrt{1-\frac{v^2}{c^2}} = \frac{v}{c^2}(x_B' - x_A')$$

In questo caso la differenza dei tempi, su O, è dovuta alla differenza di fase ossia alle diverse misure di tempi, prelevate da O dagli orologi posizionati in x_A' e in x_B'. Qualunque sia il tempo $t_B' = t_A' = t'$, in cui avvengono gli eventi, O rileverà due istanti diversi separati dalla quantità $\frac{v}{c^2}(x_B' - x_A')$ che dipende solo dalle posizioni. Osserviamo che $t_B' > t_A'$ non implica $x_B' > x_A'$, per cui, su O, gli istanti di accadimento possono risultare invertiti rispetto a quelli di O'.

Se $x_B' = x_A'$:

$$t_B\sqrt{1-\frac{v^2}{c^2}} - t_A\sqrt{1-\frac{v^2}{c^2}} = t_B' - t_A'$$

In questo caso l'orologio di O' è unico e questo comporta che gli stessi tempi di fase $\frac{v}{c^2}x'$ per differenza si elidano senza dare alcun contributo. In questo caso la differenza dei tempi, su O, è la stessa di quella registrata su O'. Il tempo diventa assoluto. Relativisticamente si parla di tempo proprio ossia il tempo misurato, da uno dei due osservatori, da uno stesso orologio. Deduciamo che il tempo proprio è quello in cui non si hanno contributi di traslazioni fittizie.

Ma la misura dei tempi è affidata al raggio luminoso dal quale si preleva la misura del tempo conoscendo la sua posizione. Seguendo il raggio per gli eventi A e B abbiamo:

$$t'_A + \frac{v}{c}t'_A = t_A\sqrt{1 - \frac{v^2}{c^2}} \qquad t'_B + \frac{v}{c}t'_B = t_B\sqrt{1 - \frac{v^2}{c^2}}$$

Quindi:

$$t_B\sqrt{1 - \frac{v^2}{c^2}} - t_A\sqrt{1 - \frac{v^2}{c^2}} = t'_B - t'_A + \frac{v}{c}(t'_B - t'_A)$$

Dove vt'_A e vt'_B sono, su O', le reali distanze fisiche delle origini negli istanti t_A' e t_B'. Se, su O', $t'_B = t'_A$ anche su O $t_B\sqrt{1 - \frac{v^2}{c^2}} = t_A\sqrt{1 - \frac{v^2}{c^2}}$ e questo indipendentemente dalle posizioni in cui accadono gli eventi. L'evento propagazione del raggio luminoso è indipendente dall'evento generico preso in considerazione.

Nell'ambito relativistico possiamo rendere simultanei, su O, due eventi generici che su O' non lo sono; basta soddisfare la seguente uguaglianza:

$$t'_B - t'_A = -\frac{v}{c^2}(x'_B - x'_A)$$

Così si avrà:

$$t_B\sqrt{1-\frac{v^2}{c^2}} - t_A\sqrt{1-\frac{v^2}{c^2}} = t'_B - t'_A + \frac{v}{c^2}(x'_B - x'_A) = 0$$

Bibliografia

(1*) S. Manciagli "Fondamenti di Relatività-logica e contraddizioni" Distributore LULU (luglio 2016)
(1) S. Manciagli "RELATIVITA' INTERPRETAZIONE DELLE TRASFORMATE DI LORENTZ" Distributore LULU (maggio 2013)
(2) R. Resnick "Introduzione alla relatività ristretta" (Ambrosiana, Milano, 1969)
(3) A. Einstein "Sull'elettrodinamica dei corpi in moto", Ann. Physik 17, 891 (1905). Traduzione di P. Straneo
(4) H. Minkowski - Spazio e Tempo - 1908
(5) A. Einstein "I fondamenti della teoria della relatività generale" Ann. Physik (4), 49, 1916- traduzione A. M. Pratelli.
(6) A. Einstein "RELATIVITA': ESPOSIZIONE DIVULGATIVA" Boringhieri, 1967.

INDICE

- 5 Introduzione
- 7 Introduzione (2)
- 12 L'ordine temporale degli eventi e le trasformate di Lorentz
- 15 Le coordinate delle posizioni e la contrazione delle lunghezze
- 21 Sulla conservazione della quantità di moto e della energia totale in relatività
- 28 La simultaneità applicata ai principi di conservazione
- 34 Il principio di invarianza e la misura del tempo
- 40 Il principio di invarianza e le trasformate di Lorentz
- 46 Le trasformate di Lorentz relative alle posizioni
- 52 Analisi delle posizioni nelle trasformate di Lorentz
- 58 Le trasformate di Lorentz relative al tempo
- 63 Le trasformate di Lorentz applicate ad un evento qualsiasi
- 71 Significato fisico delle trasformate di Lorentz applicate ad un evento qualsiasi
- 79 Seconda sincronizzazione
- 82 Gli eventi e la seconda sincronizzazione
- 86 Sullo spazio di Minkowski
- 96 Evento luminoso nello spazio di Minkowski
- 103 Evento generico nello spazio di Minkowski
- 116 Eventi particolari
- 125 Le trasformate delle coordinate e il principio di invarianza
- 130 La matematica nelle trasformate di Lorentz
- 133 Sul principio di equivalenza
- 138 Considerazioni sullo spazio tempo
- 149 Appendice: "Sul concetto di simultaneità"; "Sulle trasformate di Lorentz"
- 163 Bibliografia

Stampato con LULU.COM
nel mese di Luglio 2023

Lulu Press Inc. 3101 Hillsborough St., Raleigh, NC 27607

www.ingramcontent.com/pod-product-compliance
Lightning Source LLC
Chambersburg PA
CBHW030637220526
45463CB00004B/1555